"智慧能源源动碳中和"系列丛书

智慧能源与碳中和

刘 琪 著

西安电子科技大学出版社

内 容 简 介

本书通过对现行国家政策、行业现状的分析，以及作者近年来的研究成果，系统地阐述了"碳中和"背景下智慧能源发展机遇、智慧能源体系建设、绿色金融发展、商业模式创新、碳经济模式、创新技术发展、储能产业发展等，并给出了大量的案例，引导读者了解"碳达峰、碳中和"在经济社会中的重要作用。

本书可作为能源与动力工程、经济管理工程、企业管理、资源与环境等专业本科生和研究生的教材，也可作为普及"碳达峰、碳中和"专业知识的参考书。

图书在版编目(CIP)数据

智慧能源与碳中和 / 刘琪著. —西安：西安电子科技大学出版社，2021.5
ISBN 978-7-5606-6074-5

Ⅰ.①智⋯ Ⅱ.①刘⋯ Ⅲ.①能源发展—产业发展—研究—中国
Ⅳ.①F426.2

中国版本图书馆 CIP 数据核字(2021)第 081841 号

策划编辑　戚文艳
责任编辑　刘玉芳
出版发行　西安电子科技大学出版社(西安市太白南路 2 号)
电　　话　(029)88242885　88201467　　邮　　编　710071
网　　址　www.xduph.com　　　　　电子邮箱　xdupfxb001@163.com
经　　销　新华书店
印刷单位　陕西天意印务有限责任公司
版　　次　2021 年 5 月第 1 版　　2021 年 5 月第 1 次印刷
开　　本　787 毫米×960 毫米　1/16　印　张　8.75
字　　数　112 千字
印　　数　1～3000 册
定　　价　39.00 元
ISBN 978-7-5606-6074-5 / F

XDUP　6376001-1
如有印装问题可调换

序

　　全球气候变化是人类迄今为止面临的最重大的环境问题，解决气候变化问题的根本措施是减少二氧化碳等温室气体排放。作为《巴黎协定》的缔约国，中国于 2020 年 9 月 22 日在第 75 届联合国大会上提出，二氧化碳排放力争于 2030 年前达到峰值，努力争取 2060 年前实现碳中和。这一庄严承诺令世界瞩目，深刻体现了中国将应对气候变化的目标与自身现代化目标高度融合，表明了国家应对气候变化的信心与决心。

　　自 2021 年 1 月以来，国务院及各部委陆续发布了《关于加快建立健全绿色低碳循环发展经济体系的指导意见》《新时代的中国能源发展白皮书》《国家高新区绿色发展专项行动方案》《中央和国家机关能源消耗定额》《碳排放权交易管理办法(试行)》《中共中央关于制定第十四个五年规划和二〇三五年远景目标的建议》等一批重要文件，旨在加快建立健全绿色低碳循环发展体系，促进经济社会发展全面绿色转型，以绿色规划、绿色设计、绿色投资、绿色建设、绿色生产、绿色流通、绿色生活、绿色消费等形式确保实现碳达峰、碳中和目标，推动我国绿色发展迈上新台阶。

　　力争 2030 年前实现碳达峰，2060 年前实现碳中和，是党中央经过深思熟虑作出的重大战略决策，事关中华民族永续发展和构建人类命运共同体。为此，必须坚持系统观念，处理好发展和减排、整体和局部、短期和中长期的关系，以经济社会发展全面绿色转型为引领，以能源绿色低碳发展为关键，加快形成节约资源和保护环境的产业结构、生产方式、生活方式、空间格局，坚定不移走生态优先、绿色低碳的高质量发展道路。

　　在实现碳达峰、碳中和的愿景下，将会推动与之相关的各行各业高速发展，特别是由绿色能源、多能互补综合能源、区域能源和可再生能源等构成的智慧能源系统将会迎来高速发展期。同时，也会催生如"碳捕捉、碳封存、碳咨询、碳核准、碳计量、碳管理"等一大批新兴行业的发展。可以预见，碳经济将会是未来的主要经济指标，也将迎来万亿级市场。因此，要抓住这历史性机遇，加速推进智慧能源产业发展，实现经济高速腾飞。

　　本书作者多年来一直从事可再生能源、智慧能源技术的研究，曾获省部级科技进步二等奖一项、科技进步三等奖一项、建设成果创新奖一项、重庆市科技领军人才等称号，在行业内具有较高的影响力。《智慧能源与碳中和》一书，内容新颖、前沿，观点鲜明，论述了碳中和背景下智慧能源的发展机遇，智慧能源在低碳产业发展中的作用，重点研究了在碳中和目标愿景下政策支持、产业发展对碳中和达标的贡献，并通过翔实的案例剖析了智慧能源的技术构成和减排路径。希望刘琪同志继续以饱满的热情、锲而不舍的精神开拓碳中和背景下的能源技术研究，取得更大的成果。

中国工程勘察设计大师　罗继杰

前　　言

纵观人类社会发展史，可以看到能源革命是文明形态演进的重要基础和动力。化石能源的发现和利用极大地提高了劳动生产率，推动了人类由农耕文明进入工业文明。但是，工业文明在推动人类社会实现巨大进步的同时，也导致了严重的环境问题，显示出其发展的不可持续性，这迫使人们反思发展方式，摒弃只讲索取不讲投入、只讲发展不讲保护、只讲利用不讲修复的老路。

2030 年碳达峰、2060 年碳中和目标的提出，将对我国低碳产业发展、能源结构、能源安全等多方面产生深刻影响。抑制高能耗、高排放行业快速增长，大力发展高新技术产业和现代化服务业，积极培育新兴产业，逐步形成以低碳排放为特征的能源、工业、交通、建筑体系，是我国产业转型增效的重大战略机遇。

碳中和目标的实现迫切需要科技支撑，低碳技术、零碳技术、负碳技术的创新研究，是实现碳中和目标的关键。加强减碳技术应用基础研究，协同推进现代工程技术和颠覆性创新技术，以交叉、融合的节能技术和绿色能源技术推进能源结构调整，提高绿色能源利用效率和能效利用水平，着力研究具有针对性的减碳技术和减碳产品，对促进低碳产业发展具有重要的意义，也是实现碳中和目标愿景的重要保障。因此，必须抓住这一历史机遇，加大技术创新投入，重点解决低碳、零碳、负碳关键核心技术瓶颈，为抢占产业制高点提供科技支撑，也为构建高质量发展新格局提供战略支撑。

"碳中和"正推动数字能源、智慧能源的快速发展，能源需求侧和供给侧反向思维促使能源技术不断升级。物联网智慧型磁悬浮冷水机组、物联网智慧型水源热泵机组、蓄热式热泵机组、脂肪酸相变储热、空气压缩储能、零能耗采暖、能源之眼等新一代能源创新技术，正在推动智慧能源产业的迭代升级。

　　本书收集、整理了国家及地方政府现行能源政策、行业专家对"碳达峰、碳中和"提出的建议，并通过分析"碳中和"背景下的智慧能源发展机遇、商业模式创新、碳经济模式、储能产业发展以及翔实的智慧能源案例，使读者更清晰地了解智慧能源实现"碳中和"对社会和经济的贡献。

刘　琪

2021 年 3 月

目　　录

上篇　概　述

下篇　案　例

上 篇

概 述

第一章

智慧能源发展要抓住"碳中和"机遇

"2030 年碳达峰，2060 年碳中和"目标的提出，必将使智慧能源产业迎来跨越式发展。大数据、云计算、区块链、人工智能等前沿技术也将日益融入智慧能源产业，重塑智慧能源业态。"智慧能源大脑"的提出，势必推动能源系统与信息技术深度融合，加速能源清洁化、智慧化、可持续化发展，助力"碳达峰、碳中和"目标的快速实现。

1.1　相关概念浅释

碳达峰是指在某一个时间点，二氧化碳的排放达到峰值不再增长，之后逐步回落。

碳中和是指企业、团体或个人在一定时间内测算直接或间接产生的温室气体排放总量，通过植树造林、节能减排等形式抵消自身产生的二氧化碳排放，实现二氧化碳的"零排放"。

智慧能源是指将先进的信息技术、通信技术、智能控制技术与能源生产、供应、消费相融合的一种能源应用技术。针对地热能、太阳能、空气能、污水源、工业废水废热、天然气等多种可再生能源与清洁能源，运用冷热回收、蓄能、热平衡、智能控制等新技术对各种能量流进行智能平衡控制，实现能源的循环往复利用，一体化满足制冷、供热、热水、冷藏、冷冻、发电等多种需求功能。

1.2　智慧能源系统构成

智慧能源系统主要由供能网络(如供电、供气、制冷、供热、热水网络)、能源交换环节(如燃气发电机组、余热回收机组、热泵机组等)、能源存储环节(储电、储气、储热、储冷等)、终端综合能源共用单元(如微网)和大量终端用户共同构成。智慧能源系统能有效促进各类能源互通互济、源网荷储协调互动，具有梯级利用、综合效率高以及无污染、无排放、清洁、低碳、高效等特征，属于国家支持的清洁能源范畴。

1.3　智慧能源技术特征

智慧能源可实现制冷、供热、电力、热水、蒸汽等多能协调和源网荷储协同，实现不同能源的规划设计、优化配置、协同建设、智能运营，提升能源使用效率，提高能源综合服务能力和水平。同时，还可以充分利用自然资源禀赋进行清洁能源生产方式、区域内能源总量和结构的优化，最大限度地利用清洁能源，实现就地生产、消纳、平衡，并使其具有数字化、自动化、信息化、互动化、智能化、精准计量、广泛交互、自律控制等功能，进而实现能源的优化决策及广域协调。

1.4　智慧能源政策背景

2016 年 2 月，国家发展和改革委员会、国家能源局、工业和信息化部联合出台了《关于推进"互联网+"智慧能源发展的指导意见》，该意见提出"鼓励用户侧建设冷热电三联供、热泵、工业余热余压利用等综合能源利用基础设施，推动分布式可再生能源与天然气分布式能源协同发展，提高分布式可再生能源综合利用水平"。

2016 年 7 月，国家发展和改革委员会、国家能源局在《关于推进多能互补集成优化示范工程建设的实施意见》中提出"建设多能互补集成优化示范工程是构建'互联网+'智慧能源系统的重要任务之一，推动能源清洁生产和就近消纳，减少弃风、弃光、弃水限电，促进可再生能源消纳……"

《"十三五"国家战略性新兴产业发展规划》提出"大力发展'互联网+'智慧能源。培育基于智慧能源的新业务、新业态，建设新型能源消费生态与产业体系。到 2020 年，产值规模达到 10 万亿元以上。"

"十四五"规划和二〇三五年远景目标纲要明确提出了建设智慧能源系统，提升新能源消纳和存储能力。支持有条件的地方率先达到碳排放峰值，制定二〇三〇年前碳排放达峰行动方案。

2016年以来，国家相继出台了多部支持智慧能源发展的法规文件，充分彰显了国家对智慧能源发展的重视程度。智慧能源发展将有助于碳中和目标的实现，并在经济发展过程中形成新的经济增长点。

1.5　智慧能源市场规模

新世界研究中心发布的《2019—2024年中国智慧能源市场调查及行业分析报告》显示，2018年，我国智慧能源市场规模已经达到850亿元以上，其中，城市能源综合服务达到65%。智慧能源是解决我国现有能源问题的重要方式，但行业仍处于起步阶段，随着国家与资本的重视力度不断增加，智慧能源行业未来市场空间巨大。预计到2024年，我国智慧能源市场规模将达到1600亿元以上，行业发展前景广阔。

我国智慧能源发展具有较明显的区域特征，已建或核准的项目按区域可分为长三角、珠三角、京津冀鲁、川渝等几个重点区域市场，各地受经济条件和政策条件等因素的影响，发展动力及发展现状均存在差异。从分布地区来看，长三角地区依靠地方政策强势推动产业良性发展，智慧能源项目数量较多；珠三角区域经济可承受性高，综合能源需求量大，开发智慧能源的内在动力充足；京津冀鲁地区因地区性环保压力增大，治理大气污染的压力也成为发展智慧能源的最大动力；随着成渝双城经济圈的发展，两地共同提出打造具有全国影响力的能源绿色高效利用示范区和重要清洁低碳能源生产基地等，经济环境、人才策略等优势逐步凸显，川渝地区将成为智慧能源产业发展的后起之秀，发展潜力不容小觑。从目前市场的主要用能情况分析，城市综合体、工业园区、大型工厂、医院、学校等公共建筑，由于用能集中、能耗高、能源成本比例增加、环保责任意识增强等多种因素，自发建设智慧能源系统已成为智慧能源行业发展的新动向，开启了真正意义上的"自发自用、就近消纳"分布式能源利用之路。

1.6 "十四五"时期智慧能源发展机遇

近年来，全球主要国家不约而同地加快了低碳化乃至"去碳化"能源体系的发展步伐，能源正在向高效、清洁、多元化的特征方向加速转型推进，全球能源供需格局正进入深度调整的阶段。世界各国对新能源的发展主要集中在生物质能、太阳能及风能方面，旨在加快能源转型进程、提高能源安全及减少对化石能源的依赖。中国作为世界应对气候变化组织的缔约国，正通过加快技术创新和体制改革来推动清洁能源可持续发展。集中力量在可再生能源开发利用，特别是新能源并网技术和储能、储热、微网技术上取得突破，以及数字化、智能化在能源应用领域的不断加强，智慧能源呈现了快速发展的态势。

《中共中央关于制定第十四个五年规划和二〇三五年远景目标的建议》日前重磅发布，其中十一次提到能源，强调推进能源革命，建设智慧能源系统。智慧能源作为能源系统的前沿技术，涵盖包括可再生能源、清洁能源、能源装备、能源规划、数字管控、信息化建设等多产能发展，其核心任务是实现能源"低碳化、多元化、智慧化、去中心化"的目标。

为实现"二氧化碳排放力争于 2030 年前达到峰值，努力争取 2060 年前实现碳中和"的目标，"十四五"期间，智慧能源将作为实现"目标"的主要路径，大力推动绿色可再生能源发展。同时，国家及地方政府将从综合能源系统全局角度进行统筹规划，通过多能互补、源网荷储协调支撑清洁能源消纳以及协调优化，推动"云大物移智链"等数字信息技术在智慧能源领域的应用，助力能源数字化转型，建设综合智慧能源系统。可以预测，"十四五"期间，智慧能源开发利用将呈现集中式与分散式相结合的趋势，推动去中心化的新模式、新业态发展，支撑智慧能源规模化开发利用。

CHAPTER TWO

第二章

"碳中和"背景下智慧能源体系建设

2021 年中央经济工作会议明确将做好碳达峰、碳中和工作确定为八大重点任务之一，充分体现了党中央对做好这项工作的高度重视。实现碳达峰、碳中和中长期目标，既是我国积极应对气候变化、推动构建人类命运共同体的责任担当，也是我国贯彻新发展理念、推动高质量发展的必然要求，系统的体系建设将是推动智慧能源高速发展的重要保障。

2.1　智慧能源体系建设的必要性

1. 政策导向

按照党中央、国务院关于建立推动经济绿色低碳转型和可持续发展体系建设有关要求，推进能源体系清洁低碳发展，稳步推进水电发展，安全发展核电，加快光伏和风电发展，加快构建适应高比例可再生能源发展的新型电力系统，完善清洁能源消纳长效机制，以推动低碳能源替代高碳能源、可再生能源替代化石能源为突破口，加快推动能源数字化和智能化发展，加快提升能源产业链智能化水平。积极发展战略性新兴产业、高新技术产业和先进制造业。着力提升能源利用效率，完善能源消费双控制度，严格控制能耗强度，合理控制能源消费总量，建立健全用能预算等管理制度，推动能源资源高效配置、高效利用。加速低碳技术研发推广，更大力度推进节能低碳技术研发推广应用，加快推进规模化储能、储热技术的利用，推动数字化、信息化技术在能源领域的融合创新和应用。

2. 清洁能源转型升级的需求

我国煤炭占一次能源消费的比重高达 60%以上，清洁能源发展直接关系到国家能源安全、经济发展和人民生活。近年来，我国清洁能源产业不断发展壮大，已成为推动能源转型发展的重要力量，为建设清洁低碳、安全高效的能源体系做出了突出贡献。但同时，清洁能源发展不平衡、不充分的矛盾也日益凸显，特别是清洁能源消纳问题，已严重制约行业健康可持续发展,引起了国家的高度重视和社会各界的广泛关注。智慧能源作为提高能源效率和优化能源结构的先进技术,在传统能源向清洁能源转型升级的过程中占有重要的优势。但在发展过程中也遇到一些问题,一是行业主管部门对智慧能源缺乏认知度;二是宣传和推广力度不够;三是智慧能源利用化程度不高。随着碳达峰、碳中和目标的提出,以及"十四五"规划纲要提出"建设智慧能源系统,提升新能源消纳和存储能力",智慧能源将引领传统能源向清洁能源发展,以期提高能源使用效率,降低污染物的排放。

3. 地方政府的需求

面对"2030 年碳达峰、2060 年碳中和"的压力,地方政府作为"碳达峰""碳中和"的重要单元和载体,正在抓紧制定各大领域切实可行的减碳路径,特别是能源、交通、工业、建筑等部门,由于能源耗能大、排放量分散、节能减排成本高、治理难度大等因素,增加了实现"碳达峰、碳中和"目标的不确定性。能源部门正在积极推动发电侧能源转型,扩大可再生能源、清洁能源的消纳能力,加大在综合能源开发、建设、利用上的力度,持续探索去碳空间。工业部门正在积极促进碳捕捉、碳封存技术的发展,推动高能效企业实施节能技术及改造和循环利用,促进生产工艺流程的优化配置和管理。交通部门将大规模减少燃油车,鼓励新能源电动汽车、氢燃料公共交通工具,以及绿色出行等措施。建设部门正积极推动零碳建筑、绿色建材、装配式建筑、低碳取暖等技术的发展,实现建筑低碳或近零排放。

4. 企业发展的需求

"碳达峰、碳中和"目标的提出,意味着自工业革命以来,能源结构、产业结构以及整个发展方式全局性、系统性的重大变革。面对 2030 年前二氧化碳排放达到峰值目标,全国各地企业也纷纷采取措施,加大节能减排力度,制定"碳达峰"实施路径和时间表:国家电投计划到 2023 年实现碳达峰；华能集团表示在 2025 年实现碳达峰；大唐集团提出到 2025 年实现碳达峰。国家大型企业围绕国家政策要求，正进一步完善"十四五"规划和新能源相关专项规划，完善企业绿色发展行动计划。互联网企业也正在加紧制定行动方案，力争提前 5 年实现碳达峰。

随着《建筑碳排放计算标准》《中央和国家机关能源资源消耗定额》等相关政策的实施，中小型企业、政府机关、学校、公共场所等严格按照约束性指标实施节能减排措施，在碳排放指标范围内开展生产经营，以切实履行减碳目标。

2.2 智慧能源体系建设

1. 技术体系

智慧能源技术体系是先进能源技术整体性的表现形式。一般把能源技术、控制技术、大数据技术、人工智能等有机联系起来，形成具有智慧能源特定功能的联合应用技术，不断地进行技术创新和变革，在能源规划、设计、系统集成等方面具有先进性和可靠性。

智慧能源在技术应用上需多学科、多专业共同配合，用系统的技术手段降低能源消耗、提高能源利用效率。建立并完善智慧能源技术路径、利用方式、梯级利用策略、管控措施、设计标准、验收标准、运行管理等一系列标准和法规，是促进智慧能源健康、有序、规模化发展的重要保障。

2. 规划体系

智慧能源规划体系是指在一定区域内，通过自然资源禀赋、建筑业态、功能定位等因素，系统性地明确能源利用形式、标准要求等，有针对性地提出近期和远期规划的一种方式。规划遵循系统化、差异化、绿色化、低碳化原则，利用不同区域的自然资源禀赋制订不同的技术路径和供能范围。规划体系的核心要素是优先使用可再生能源和新能源，不足时用电能或天然气作为补充能源，以满足区域内的制冷、供热、电力、热水、蒸汽等综合能源服务。

规划在智慧能源发展中起着战略引领和刚性控制的重要作用。例如能源的清洁化利用关乎碳中和的现实和未来，因此在智慧能源规划过程中，要对用能区域自然资源的禀赋进行充分、详细的调查、分析预测，最终提出清洁能源利用方案。同时，规划要兼顾前瞻性、严肃性和连续性，并以测量数据、历史数据为基础进行编制，数据的真实性、减碳能力、经济指标、安全稳定性决定了智慧能源规划的合理性。

3. 市场体系

智慧能源市场体系分为能源建设体系和能源供给体系两大类。能源建设体系是指在一定区域内，适合智慧能源技术特征及建设条件，通过合理的市场行为获得建设准许和建设授权。能源供给体系是指具有供给能力(包括制冷、供热、电力、热水、蒸汽)，并通过市场行为获得向用户提供能源服务的条件，满足用户用能需求。

市场体系是在智慧能源充分发展的基础上，由建设体系和供给体系组成的有机联系的整体，能源投资者获得市场投资的准许条件，为用户提供综合能源服务，并建立完善的供需体制，推动清洁能源、可再生能源快速发展。智慧能源市场体系的建设，是培育和发展统一、开放、竞争、有序的市场行为，建立智慧能源市场经济体系的必要条件。

2.3 智慧能源体系建设在"碳中和"背景下的重要意义

智慧能源是"十四五"时期我国能源发展的重要方向，是推动经济绿色低碳转型和可持续发展的重要支撑力量。能源系统的安全和清洁低碳的高效应用，是碳达峰、碳中和背景下迫切需要解决的问题。智慧能源应用物联网、大数据、云计算等技术，建立区域能源互联网信息基础，使之达到优化及调节能源结构，提升区域能源利用效率的作用，是保证能源供给及使用，实现能源需求侧和供给侧平衡，优化资源配置，提升能源利用效率，增强能源供应安全性、降低碳排放、实现绿色可持续发展的重要途径。

我国提出碳达峰、碳中和的目标和愿景，意味着我国将更加坚定不移贯彻新发展理念，构建新发展格局，推进产业转型和升级，走上绿色、低碳、循环的发展路径，实现高质量发展。这也将引领全球实现绿色、低碳复苏，是全球经济技术变革的方向，对保护地球生态、推进应对气候变化的合作行动具有非常现实和重要的意义。

全球长期碳中和目标导向将加剧世界经济技术革命性变革，重塑大国竞争格局，也将改变国际经济贸易规则和企业发展业态。在低碳化的导向下，企业产品和原材料的碳含量指标将成为与成本、质量和服务同等重要的竞争要素。全球低碳金融的投资导向，也将使高碳排放行业和企业面临融资困难。

智慧能源创新技术发展将成为碳中和的核心竞争力，也是现代化国家的重要标志。加快建设智慧能源和碳中和的技术体系、规划体系、市场体系是实现碳中和目标的重要支撑，使智慧能源和低碳技术成为大国竞争的高科技"桥头堡"。从目前情况来看，世界主要经济体都在加速这方面的布局。

CHAPTER THIRD
第三章
"碳中和" 背景下绿色金融发展

大力发展低碳经济，加快建设资源节约型、环境友好型社会，是我国的基本国策，是推动实现经济高质量发展的重要手段。加快绿色金融的体制创新、技术创新，提高政策制定的科学性、合理性，对于更好地服务于碳中和背景下的行业发展具有重要的现实意义。

3.1   国内减碳目标预测

当前，我国能源产业格局中，产生碳排放的化石能源包括煤炭、石油、天然气等，占能源消耗总量的 84%，而不产生碳排放的水电、风电、核电和光伏等仅占 16%。按照工业能耗计算，仅 2019 年中国碳排放就达到了100 亿吨，约占全球的 30%。预计 2025 年，碳排放将超过 300 亿吨。如此庞大的排放量，要在 2060 年实现碳中和，对于我国来说是非常艰巨的任务。

按照国家制定的 2030 年碳达峰、2060 年碳中和的目标愿景，根据目前能源消耗推测，到 2050 年，工业部门需较现状实现约 60% 的减排量，交通运输业较现状需实现约 65% 的减排量，建筑业较现状需实现 75% 的减排量。如果在 2060 年之前实现碳中和，在实体经济层面必须加速推动电力、交通、建筑和工业的大规模去碳化，争取大多数产业实现自身的近零排放，较小比例难以消除或降低的碳排放由碳汇林业来吸收。

3.2   工业、建筑业、交通运输业减碳规划路径

1. 工业减碳路径

1) 加速产业结构的升级

根据发达国家的经验，随着人均收入水平的提高，低附加值产业占工业增加值的比重会逐步下降，预计到 2050 年，我国高附加值产业增加值占工业产出的比重将从目前的 35% 上升到 60% 左右，工业能耗也会因此比目

前下降 60% 左右。

2) 提高工业体系能源和资源利用效率

能效提升是降低工业碳排放的重要路径,各种资源的循环利用也有助于降低原料生产过程中的碳排放。通过大规模使用高能效、低排放甚至零碳技术,到 2050 年,我国单位工业增加值的能耗预计比目前下降 65% 左右。

3) 电气化和低碳燃料/原料的推广利用

目前,我国工业行业仍然大量使用燃煤锅炉,电气化率约为 26%,未来,可以通过提高电气化率并使用绿电来大幅降低碳排放,预计 2050 年提升到 70% 左右。

2. 建筑业减碳路径

从用能结构分析,建筑用能占我国总能耗的 20% 左右,主要用于建筑物的照明、制冷、采暖、家电能耗等,而这些能源大部分来自高碳的火力发电。建筑业要想实现近零排放,主要有两个路径:一是建筑节能,二是加大绿色能源、可再生能源的应用。自 2005 年《可再生能源法》发布以来,我国建筑绿色化水平逐年提高,特别是近年来推行的绿色建筑星级评定标准,要求新建公共建筑不得低于绿色二星标准,有条件的公共建筑须按照绿色三星标准执行。因此,建筑业实现低碳甚至零碳的技术已经基本成熟,只要相关部门和地方政府组织资源,加大有关工作的推动和协调力度,有望成为我国最早实现零碳化的行业。在欧洲,已有若干零碳示范园区,园区中所有建筑物已经实现近零排放,且不需要政府补贴。我国的一些试点项目也证明了零碳建筑在技术和经济上的可行性。零碳建筑的核心任务是提高新建建筑物的节能标准,尽早制定和实施超低能耗和零碳建筑标准体系,研究制定零碳建筑技术体系。

同时,基于低碳路径建筑业将会按照"目标"要求提升建筑能效,降低建筑能耗,大量应用可再生能源,实现室内舒适环境近零排放标准。同时,采用光电建筑一体化技术,使建筑自身产生能源,并通过建筑微网输出和储存清洁能源提高绿电使用率占比,剩余碳排放则可通过碳汇和固碳等技术实现碳中和。

3. 交通运输业减碳路径

交通运输业一直是碳排放大户,据有关数据统计显示,交通运输业占全国终端碳排放的 15%,过去九年以年均增速 5% 以上发展,预计到 2025 年会增加至 50%。作为能耗和碳排放的三大行业之一,交通业的低碳发展势在必行而又任重道远。加快新能源汽车、高铁、城市轨道交通、氢能源汽车的发展,利用新技术赋能基础设施,促进交通能源动力清洁化,引导使用电动汽车、绿色出行等相关措施,是实现碳中和的有效途径。目前随着汽车保有量的增长以及新能源汽车的逐渐普及,以及其他运输工具低能耗应用推广,预计在 2025 年交通运输业实现碳达峰,以后逐年下降。

3.3 绿色金融规模预测

在碳达峰、碳中和目标愿景下,各级政府正在加紧制定减碳政策和实施路径,特别是工业、建筑、交通运输等部门制定了详细的减碳路径,大规模开展减碳目标建设,并通过多种途径落实减碳投资。据央行货币政策委员会委员、中国金融学会绿色金融专业委员会主任马骏在《理论周刊》刊发的研究报告称,实现碳中和需要大量的绿色、低碳投资,其中,绝大部分需要通过金融体系动员社会资本来实现。关于碳中和所需要的绿色低碳投资规模,许多专家和机构有不同的估算。比如《中国长期低碳发展战略与转型路径研究》报告提出了四种情景构想,其中实现 1.5℃ 目标导向转型路径,需累计新增投资约 138 万亿元人民币,超过每年国内生产总值(GDP)的 2.5%。中国投资协会和落基山研究所估计,在碳中和愿景下,中国在可再生能源、能效、零碳技术和储能技术七个领域需要投资 70 万亿元。基于这些估算,未来三十年内,我国实现碳中和所需绿色、低碳投资的规模应该在百万亿元以上，也可能达到数百万亿元，因此将为绿色金融带来巨大的发展机遇。

3.4　绿色金融支持智慧能源案例

近年来，绿色金融在全国"五大"金改试点区对支持绿色经济的快速发展起到重要的作用。某新区绿色金融改革创新试验区自 2017 年 6 月获批以来，以搭建平台载体为关键，以创新金融产品为支撑，以释放生态价值为路径，以服务绿色产业为目标，推进"大数据+绿色产业+绿色金融"融合发展，致力于探索具有地方特色、新区亮点的绿色金融创新发展路径。新区云谷、龙山多能互补智慧能源中心项目总投资 3.2 亿元，清洁能源占比 46%，可再生能源占比 54%，能源利用率达到 85%，节能率为 45%，是典型的绿色能源示范项目。2018 年 7 月成为中国人民银行绿色资产证券化融资的首批典型案例，通过绿色资产证券化融资方式，将两个多能互补智慧能源站未来 15 年的能源收益权提前变现，由中国建设银行提供 10 亿元的信贷支持。由于减排效果显著，碳排量符合国际环境标准，北京环境交易所与新区电子信息产业投资有限公司签订了碳排放权交易协议，将新区减少的碳排量在北京环境交易所挂牌交易，预计可带来上亿元的收益。围绕绿色金融产品创新推动绿色金融发展，新区正在建立一支超过 50 亿元的绿色产业环保母基金，并通过设立若干子基金引导和支持绿色环保产业在新区做大、做强，建立针对新区污水处理、绿色交通建设、绿色产业发展等领域进行综合投资开发的新型融资模式。充分结合生态优势和高端产业发展优势，牢固树立"大数据+绿色产业+绿色金融"的融合发展理念。同时，着力构建以绿色金融为主体，绿色制造、绿色建筑、绿色能源、绿色交通、绿色消费为支撑的绿色金融改革创新试验区"1+5"工程体系，打通绿色金融支持绿色生产、绿色生活、绿色消费无缝衔接通道，真正实现以绿色金融驱动绿色发展。

3.5　绿色金融政策是实现碳中和的基础

2021年中央经济工作会议要求金融业加大对绿色、低碳、零碳产业的支持力度,重点支持企业能源结构调整的实体企业。一方面要满足实体企业能源结构转型带来的巨额绿色低碳投融资需求;另一方面也要防范由于转型所带来的各种金融风险,包括高碳产业的违约风险和减值风险,以及某些高碳地区所面临的系统性金融风险。

2021年中国人民银行工作会议也提出了完善绿色金融政策框架和激励机制。做好政策设计和规划,引导金融资源向绿色发展领域倾斜,增强金融体系管理气候变化相关风险的能力,推动建设碳排放交易市场为排碳合理定价。逐步健全绿色金融标准体系,明确金融机构监管和信息披露要求,建立政策激励约束体系,完善绿色金融产品和市场体系,持续推进绿色金融国际合作。

2021年3月1日,我国首部绿色金融法律法规,同时也是全球首部规范绿色金融的综合性法案——《深圳经济特区绿色金融条例》正式实施,标志着绿色金融体系建设步入新的发展阶段。绿色金融作为碳中和重要的金融工具,将会为实现碳中和目标提供强大的金融支撑。建立和完善绿色金融政策体系、绿色金融标准、绿色金融基础设施建设、绿色金融人才培养机制,有助于各行各业在碳达峰、碳中和的目标时间内加大能源结构调整、提升能源效率、淘汰高能耗生产设备、智慧化管控等方面的投入,带动碳排放权交易、碳量信息化、碳捕集、碳咨询等相关产业发展。

第四章

"碳中和"催生"碳"经济

碳中和是党中央经过深思熟虑作出的重大战略决策，事关中华民族永续发展和构建人类命运共同体。在碳中和目标愿景下，将促进生产、生活、消费方式的转变，推动各行各业在低碳环境中的发展，催生新的经济发展格局。

4.1 能源格局调整

在目标期内实现碳中和，首先改变的将会是能源产业格局。我国的能源产业主要由化石能源(煤炭、石油、天然气)和清洁能源(水电、核电、太阳能、风能等)构成。据有关资料显示，当前化石能源占能源消耗总量的84%，水电、核电、太阳能、风能等新能源和可再生能源占能源消耗总量的16%。换句话说，化石能源"贡献"了84%的排放量，水电、核电、太阳能、风能直接减少了16%的碳排放。要在2060年前实现碳中和，就要大幅发展可再生能源，降低化石能源的比重，因此，能源格局的重构必然是大势所趋。

《中华人民共和国国民经济和社会发展第十四个五年规划和2035年远景目标纲要》(以下简称《纲要》)提出"推进能源革命，建设清洁低碳、安全高效的能源体系，提高能源供给保障能力。加快发展非化石能源，坚持集中式和分布式并举，大力提升风电、光伏发电规模，加快发展中东部分布式能源，有序发展海上风电，加快西南水电基地建设，安全稳妥推进沿海核电建设，建设一批多能互补的清洁能源基地，使非化石能源占能源消费总量的比重提高到20%左右"。

《纲要》强调，在"十四五"时期，单位GDP能源消耗降低13.5%，单位GDP二氧化碳排放降低18%，推动煤矿、油气田、电厂等智能化升级，开展用能信息广泛采集、能效在线分析，实现源网荷储互动、多能协调互补、用能需求智能调控。实施重大节能低碳技术产业化示范工程，开展近零能耗建筑、近零碳排放、碳捕集利用与封存(CCUS)等重大项目示范。

4.2　碳排放权交易市场现状

中国自 2011 年起，依据"总量控制"与"配额交易"的原则，先后在北京、上海、天津、重庆、深圳、广东、湖北、福建等八个省市建立碳排放权交易市场，在将传统高耗能产业(电力、水泥、钢铁、石化、造纸、民航)纳入碳排放管理与交易的前提下，分阶段引入更多行业主体。目前，碳排放权交易市场已覆盖 30 亿吨的二氧化碳当量碳排放，约占中国碳排放总量的 33%。

国际能源署署长法提赫·比罗尔曾评价，中国碳排放权交易市场全面建成后将成为世界最大的碳排放权交易市场，为全球其他发展中国家树立榜样，并为它们建立碳排放权交易市场提供灵感。从国际上来看，欧盟碳排放权交易市场是启动最早的温室气体减排市场，曾经历过配额过剩导致市场运行和碳价都不乐观的局面。低碳发展的重要性正在被提到一个前所未有的高度，这也将成为全国碳排放权交易市场发展的根本动力。

尽管各试点碳排放权交易市场的行业范围、配额分发原则有所不同，但伴随着碳减排目标分解、碳排放权交易市场建设的完善，互联网科技企业特别是数据中心领域作为碳排放增长大户，将逐步被纳入碳市场监管中。

深圳碳排放权交易所对机制设计的尝试丰富，管控碳配额的单位较多，其中，任意一年的碳排放量达到 3000 吨二氧化碳当量(包括其外购电力、热、冷或蒸汽产生的间接排放)以上的企业将被纳入管控单位。

在全国碳排放权交易市场建立之初，碳排放权交易价格约为 49 元/吨，到 2030 年有望达到 93 元/吨，并于本世纪中叶超过 167 元/吨。2019 年，碳排放权交易市场试点区域的交易均价最高的是北京，约为 83 元/吨，而重庆仅为 6.91 元/吨。截至 2020 年 11 月，碳排放权交易试点市场的累计配额成交量约为 4.3 亿吨二氧化碳当量，累计成交额近 100 亿元。

4.3   碳配额制度促进碳经济发展

2021 年 2 月 20 日，国家机关事务管理局、中共中央直属机关事务管理下发了《中央和国家机关能源资源消耗定额》的通知，明确要求"对于上年度实际能源资源消耗大于约束值的部门和单位，按照每年不小于 4% 的降幅下达年度能源资源消耗指标；对于上年度实际能源资源消耗小于约束值但大于基准值的部门和单位，按照每年不小于 2% 的降幅下达年度能源资源消耗指标；对于上年度实际能源资源消耗小于基准值但大于引导值的部门和单位，维持上年度能源资源消耗指标不变；对于上年度实际能源资源消耗小于引导值的部门和单位，按照不大于 2% 的增幅且小于定额引导值下达能源资源消耗指标"。

碳排放配额、碳量指标、碳排放权交易方式等均通过相关政策约定并予以实施。可以预见，在今后经济发展过程中，碳排放权交易将逐渐商品化，由碳排放权交易产生的经济效益会让各行各业受益。小到一个家庭、大到发电企业，都会受到碳排放配额和碳排放量指标的约束，能源消耗越大，碳排放量越多，超过碳排放指标后，要么购买指标，要么通过各种途径提高能源使用效率或增加可再生能源应用能力，降低能源消耗、减少排放，否则可能会限制能源的使用。

4.4   碳经济将成为新的经济增长点

2021 年 2 月 1 日，《碳排放权交易管理办法(试行)》(以下简称《办法》)正式实施。《办法》明确规定了"重点排放单位应当控制温室气体排放，报告碳排放数据，清缴碳排放配额，公开交易及相关活动信息，并接受生态环境主管部门的监督管理"。

在 2030 年碳达峰、2060 年碳中和大背景下，与碳减排量相关的高能耗设备设施、高能耗产品等均会被淘汰，只有通过提高设备设施的能源效率，使用新能源、可再生能源、人工智能等技术手段，才能实现碳排放量的下降。为此，低能高效的设备制造商、工程承包商、系统运营商、技术服务机构等一大批企业会增加市场份额和提高收入水平。

按照《目标》及《纲要》预测，中国在 2060 年实现碳中和，新能源，可再生能源，能源装备，信息化建设，碳捕集、利用与封存技术将会得到广泛的应用，一个巨大的低碳产业发展空间将会被打开，而在产业链的细分领域将产生众多的新兴产业，创造大量的就业机会。碳交易、碳核准、碳计量、碳管理等一大批新兴行业也会快速兴起，"碳"经济将成为新的经济增长点。

CHAPTER FIVE

第五章

"碳中和"背景下创新技术发展

　　科学和技术的创新发展直接关系到碳中和目标的实现，采用新技术降低能源消耗、提升综合能源效率是解决当前高耗能、高污染的有效办法。同时，在绿色发展、循环利用的基础上，开发利用更多的新能源、可再生能源技术以及大数据、人工智能、碳汇区块链等新一代技术，是实现能源清洁化、智能化、信息化的有效途径，也是实现碳中和目标的强大支撑技术。科学和技术创新也将进一步推动更多的新技术、新材料、新设备、新工艺快速发展。

5.1　能源大数据技术

　　能源大数据技术是指在能源生产和消费过程中，从生产端和消费端获得有价值数据信息的技术。能源大数据一般包括数据采集、数据预处理、数据存储及管理、数据分析及挖掘、大数据展现和应用等。

　　能源系统的安全稳定运行依托数据分析、数字模型构建，助力实现能源系统在线预测、实时监测、设备预警和诊断，为异质能调度、交易以及需求响应等提供重要决策依据；在消费端能效提升方面，依托大数据聚类、先进的算法等技术，可实现对用户负荷特性的精确感知，为消费端动态优化方案的制定及用户侧综合能效的提升提供数据支撑。

5.2　智慧云平台技术

　　智慧云平台技术是指在广域网或局域网内将硬件、软件、网络、控制等资源统一起来，实现数据的计算、存储、决策、处理和共享的一种托管技术。智慧云平台是集"能源伺服器"与"智慧能源管控软件"于一体的智慧管控平台，可实现对水、电、气、制冷、采暖等能源的实时数据采集、监测、分析、预测预警、设备优化管理、控制等功能，并通过智慧管控平台进行能源协同应用、专业化服务、多视角管控、多层次的能源信息查询、处理以及大数据挖掘分析、预测分析、能源订购、能源交易、结算等自助式服务。

5.3　智能控制技术

智能控制技术是指在无人干预的情况下能自主地驱动智能设备实现控制目标的自动控制管理。常用的智能控制技术包括模糊逻辑控制、神经网络控制、专家系统、决策系统、自学习、自适应、自组织等。智慧能源的智能控制是以智慧云平台、大数据分析技术为基础，以能源伺服器为核心，控制包括太阳能集热器、燃气内燃机、水地源热泵机组、循环水泵、终端设备等硬件设施，有效接入风电、光伏发电、光热发电等多种可再生能源输入信息，链接用户需求，利用其内嵌的微电脑智能控制系统实时跟踪负荷需求，根据储量自动调节、切换负荷，从而衔接整个智能控制系统。智能控制系统借助能源管理器、智慧云平台与配网、供热网、供给侧、能源转换侧进行信息输送、传递和大数据分析，实现对多种能源的整体最优配置和局部调度。

5.4　区块链技术

区块链技术是指利用块链式数据结构来验证与存储数据，利用分布式节点共识算法来生成和更新数据，利用密码学的方式保证数据传输和访问的安全，利用由自动化脚本代码组成的智能合约来编程和操作数据的一种全新的分布式基础架构与计算方式。

5.5 碳汇区块链

碳汇区块链是以区块链技术为依托，将碳排放量、碳排放权交易价格与区块链技术相结合，提供一种完全去中心化的碳排放权交易系统。在政府给排放单位分配的指定时期内的碳排放配额的基础上，减少碳排放的部分可利用碳汇区块链交易系统进行报价和交易。反之，超出排放配额也可以利用碳汇区块链交易系统进行竞价购买。碳汇区块链将强化排放单位和减排单位的对等关系，也就是说，碳排放量超过碳排放配额，应该通过购买的方式支付排放成本。相反，通过各种节能技术、新能源、可再生能源等技术降低了碳排放量，低于政府规定排放配额的，低于部分可通过销售的方式获取可观的利润。由此鼓励更多的企业参与到节能和应用新能源技术中，减少能源消耗和降低碳排放。碳汇区块链技术除了可以进行碳排放权交易外，还是提供计量、计费和结算流程的基础，使超排单位和减排单位拥有购买和销售碳排放权交易的高度自主权。

5.6 基于区块链的碳排放权交易系统

区块链技术能够支持去中心化的碳排放权交易。这将简化多层系统，企业和个人均可通过区块链网络直接将减少的碳排放量以竞价的方式在各个层次上进行交易。交易时，智能合约将向系统发出信号，制定如何启动交易的规则。基于智能合约的预定义规则，可以确保所有的碳排放量和竞价都是自动控制的，并以防篡改的方式记录在区块链上，这将可靠地实现超排和减排的公平性。

5.7   碳中和生态系统

区块链、物联网、大数据三者相结合建立起一个碳中和生态系统，它将排放单位、金融机构、能源供应商、低能高效设备供应商、碳核算机构、政府监督部门等均纳入进来，系统中的每一方都能得到一个此系统的查询密码，使用这个密码可以查询加密后任何人接入系统后的任何动作，这样一来，系统中的所有参与者就将形成一种相互监督、相互信任的关系。系统可以根据大数据分析直接计算出最适合交易的方式和价格，并通过智能合约由各方自主完成购买或者销售。碳中和生态系统的建立，可以引导全社会的积极参与，通过各种交易机制将碳排放权作为一种商品进行交易而获得收益，对实现全民参与实现"碳中和"目标具有划时代的意义。

5.8   创新技术是实现碳中和目标的重要基础

碳达峰和碳中和愿景的提出，为创新技术提出了新的要求，能源技术革命为科学发展提出了新的方向。世界各国都将科学和技术创新作为实现碳中和目标的重要保障，而我国由于实现碳中和目标时间周期短、任务重、能源消耗总量大等因素，且减碳技术、能源科技、能源替代技术等存在一些不足，对科学和技术的创新发展提出了严峻的挑战。因此，应加大科学及技术的投入，加强关键减碳技术的研究，重点攻克高能耗领域中的关键技术及产品替代，以保障在能源安全、正常生产和生活的前提下降低能源消耗总量和排放总量，较大程度上减少污染物排放。

科学和技术的进步是保障我国碳排放高质量达峰、碳中和目标顺利实现的有效保障，也是需要加大科技投入、实现技术创新突破的重点目标任务。各行各业应加强对减碳科技创新技术的分析，制定重大减碳科技创新方向，对可能的减碳技术路线进行评估，提出减碳科技创新路线图，确定相关减碳装备的科技创新路线，提出实现设定目标所需的研发投入规划，完善政府作用及保障体系的措施建议，为科学和技术创新实现碳中和提供决策依据。

CHAPTER SIX

第六章

智慧供热是实现清洁低碳采暖的重要途径

清洁低碳采暖是指利用天然气、电、地热、生物质、太阳能、工业余热等清洁化能源,通过高效用能系统实现低排放、低能耗的取暖方式,是以降低污染物排放和能源消耗为目标的取暖过程,涉及清洁能源、高效输配管网(热网)、节能建筑(用户)等。当前,北方地区清洁低碳采暖比例较低,特别是部分地区冬季大量使用燃煤,大气污染物排放量大,迫切需要推进清洁低碳采暖。南方地区与北方地区的传统采暖方式不同,因地制宜地应用可再生能源、新能源等方式实行区域集中或分散式采暖,既满足了冬季采暖需求,又满足系统制冷需求,提高了能源利用效率,降低了污染物排放量。

清洁低碳采暖在经济复苏中是一项重要的民生工程,符合国家经济复苏和国际国内"双循环"发展的思路。随着北方地区清洁低碳采暖压力逐步增加以及南方地区集中供热需求量增加,清洁低碳采暖技术及其产品需求量旺盛,预计可带来万亿的市场份额,为经济增长带来新的活力。

智慧供热集供热的复杂性、系统性于一身,以提高供热效率、降低燃料成本、增加调度能力、加强管网监测、减少污染物排放为主要目标,采用物联网技术,精确收集室温数据、天气数据、建筑数据等变化,基于采集的有效数据,通过计算、分析,对热源站、管网、单元、住户发出控制指令和运行决策,实现"热源、管网、换热站、用户"一体化全网协同和精细化调控。智慧供热具有可按负荷需求弹性调节并设定温度等功能,可实现区域内统一智能化室温调节,并在智慧供热控制层形成一个具有感知力、能思考、可进化、有温度的"供热智能体"。

6.1　清洁低碳采暖的发展现状

2017 年底,《北方地区冬季清洁取暖规划(2017—2021 年)》(以下简称《规划》)出台,《规划》强调了"坚持清洁替代,减少大气污染物。到 2021 年北方地区清洁取暖率达到 70%;力争 5 年左右时间,基本实现雾霾严重化城市地区的散煤采暖清洁化"。《规划》明确"城市城区优先发展集中采暖,集中采暖暂时难以覆盖的,加快实施各类分散式清洁采暖。到 2019 年,清洁取暖率达到 60% 以上;到 2021 年,清洁取暖率达到 80% 以上,20 蒸吨以下燃煤锅炉全部拆除。新建建筑全部实现清洁取暖,县城和城乡接合部构建以集中采暖为主、分散采暖为辅的基本格局。2019 年,清洁取暖率达到 50% 以上;2021 年,清洁取暖率达到 70% 以上,10 蒸吨以下燃煤锅炉全部拆除。农村地区优先利用地热、生物质、太阳能等多种清洁能源采暖,有条件的发展天然气或电采暖,适当利用集中采暖延伸覆盖。2019 年,清洁取暖率达到 20% 以上;2021 年,清洁取暖率达到 40% 以上"。

由此看出,北方地区清洁采暖压力巨大,改变现有落后取暖技术,是当前或今后一段时期内必须解决的重点和难点问题。采取多措并举的技术手段、经济手段、能源供给形式、智慧化管控措施,是推进清洁采暖进程的有效办法。

随着经济社会的发展以及改善室内环境的需求日益增强,南方地区冬季采暖逐渐兴起,如武汉、合肥、南京、长沙、贵州、上海等部分地区,冬季以阴冷为主,室外温度低至−5℃或以下,冬季采暖需求量增加。调查发现,目前有条件的地区采用可再生能源(如地源热泵、水源热泵、空气源热泵)或天然气分布式能源等方式集中采暖,无条件集中采暖的区域大部分采用燃气壁挂炉的方式取暖。虽然南方地区冬季取暖需求量逐年增加,但与北方地区采暖方式不同,绝大部分采暖系统采用了清洁能源。

6.2 智慧供热在清洁低碳采暖中的作用

随着互联网技术的发展,采暖逐渐进入数字化、智能化时代,智慧供热使采暖行业加快了技术的迭代升级。它通过建立供热系统数据共享交换平台,有效整合分散异构的信息资源,消除"信息孤岛"现象。通过数据共享交换平台来实现热力行业跨部门、跨业务、跨层级的不同系统之间的信息交换、共享与协同，从而进一步发挥信息资源和应用系统效能，提升信息化建设对供热业务和管理的支撑作用。

6.3 智慧供热是实现清洁低碳采暖的有效途径

1. 能源总线供能系统

"能源总线供能系统"技术路径由同济大学教授龙惟定提出，所谓"能源总线"，是指智慧控制技术，自动平衡系统内的冷热源需求，通过管网汇集起来，给分散式的热泵作为热源热汇，为用户供冷/供热，之后再回到源头。相比前四代供热系统，能源总线技术有六大优势：一是采用去中心化的分布式水源热泵系统，不需要大型冷热源能源中心；二是管网水温低至12~30℃，可以利用更多的低品位可再生能源和余热废热资源；三是将不同空间分布的分散资源集成到总线中共享，起到能源枢纽或电网聚集器的作用，是典型的能源互联网；四是没有供回水管的概念，只需要一根冷管和一根暖管，便可以同时供冷供热，并通过管网实现建筑间的热量交换。有些用户既是使用者又是供应者，即"产消者"；五是当供冷供热不平衡时，需要系统有储热装置，生活热水需要单设温热泵和蓄热水箱。当通过蓄热的热水直接送到住宅后，用户可独立控制、调节热泵的运行时段，避免高峰用电，消纳可变可再生电力；六是住宅用户的能耗完全根据家庭电表计费。能源效率高于空气源热泵，供冷供热品质高于分体空调。因此，能源总线供能系统非常适合在我国南方地区使用，以解决困扰多年的住宅集中采暖问题。

2. "地热+"采暖系统

地热资源的储存量和资源开发潜力都十分巨大，由于地热资源长期储存在地下，不受其他外界因素的影响，而且具有可再生性，可以随时开采。因此，开发利用地热资源，是清洁采暖的有效途径。

地热能具有利用效率高、无污染排放、实施灵活的优点。但地热能在开发应用过程中，也存在一些问题，比如中深层地热虽然温度高、持续稳定，但开发成本较高，目前尚未形成规模化应用。浅层地热开发成本较低，应用较广，但也存在地热不平衡以及回灌效果差、长期使用效率逐渐降低等问题。为此，"地热+"的发展思路应运而生。所谓"地热+"就是以地热为主，其他能源(如太阳能、空气能、天然气)为辅的多能互补综合供热系统。该系统能满足冬季极寒地区采暖需求，可有效解决开发成本过高和土壤热平衡问题。例如，某企业开发的一套"光储地热能"清洁采暖技术就属于"地热+"采暖技术。该技术的主要原理是将土壤作为蓄热体，夏季光热与土壤进行热交换，将热量储存在土壤中，在冬季作为地源热泵机组热源，保障稳定、清洁的采暖。太阳能与地源热耦合，系统简单可靠，使用范围广。热泵机组利用太阳能、地源热双重热源作为热量来源，加热时间更短，温度升高快。同时，可利用脂肪酸相变储能系统储存太阳能短期热量，调节采暖峰值温度，从而保障系统安全、稳定运行。"光储地热能"清洁采暖技术最大限度地利用了太阳能和地源热能，采用集热、蓄热、储热的技术手段，获取高效、低廉、绿色、低碳的清洁采暖。目前该项技术已广泛应用在西藏、新疆、四川、贵州等地区。

6.4　智慧供热推动采暖市场高质量发展

城市供热是一项重要的基础服务保障系统，供热水平是衡量民生质量的重要指标。"十四五"规划提出"构建系统完备、高效实用、智能绿色、安全可靠的现代化基础设施体系"。秉承"科技、低碳、绿色"的发展理念，打造"安全、稳定、低碳、智能"的供热体系，是实现采暖市场高质量发展的重要基础。

智慧供热为传统供热行业的转型发展注入了新动能。不管是在北方已经成熟的采暖市场，还是南方新兴的采暖市场，智能化管控是采暖系统不可或缺的技术措施，是推动新能源、新技术、末端智能化控制体系计量的有效手段，是供热能源结构重构和技术方向的重要调整，是在建筑节能、能源优化配置、能源高效利用等方面的重点突破，对推动采暖市场高质量发展起到了决定性的作用。

CHAPTER SEVEN

第七章

智慧储热实现采暖近零排放

　　智慧储热是智慧能源科学技术中的重要分支。在能源转换和利用过程中，常常存在供求之间在时间和空间上不匹配的矛盾，如电力负荷的峰谷差、太阳能和风能等可再生能源的间歇性和波动性等。由于储热技术可解决能量供求在时间和空间上不匹配的矛盾，因而是提高能源利用率的有效手段。

7.1　智慧储热的定义

　　智慧储热技术是以储热材料为媒介，利用数字化技术手段将太阳能光热、地热、工业余热、低品位余热等热能储存起来，在需要的时候释放，以解决由于时间、空间或强度上的热能供给与需求间不匹配所带来的问题，最大限度地提高系统能源利用效率而逐渐发展起来的一种技术。常见的智慧储热又分为显热储热和潜热储热两种方式。显热储热是指通过加热储能介质提高其温度，而将热能储存其中。常用的显热储热材料有水、土壤和岩石等，主要应用于电采暖、居民采暖、光热采暖等领域。潜热储热(又称相变储热)是指利用物质在凝固/熔化、凝结/气化、凝华/升华以及其他形式的相变过程中通过吸收或释放相变潜热进行蓄热。常用相变材料有石蜡、高温熔化盐、脂肪酸等，主要应用于清洁采暖、电力调峰、余热利用和太阳能低温光热利用等领域。

7.2　国外智慧储热技术的应用

　　在瑞典、芬兰、丹麦等可再生能源占比较高的欧洲国家，储热装置在当地的能源转型发展中发挥了重要作用。清华大学能源转型与社会发展研究中心常务副主任何继江介绍称："在丹麦的热电厂，包括垃圾热电厂，既是电力公司，又是供热公司，能够把供电和供热很好地协同起来。比如，他们用大型储热罐来进行智能调控电、热供应，调控主要依据北欧电力市场波动的电价，电价低的时候就少发电，电价高的时候就多发电，用储热罐来保证供热的稳定运行"。这种热与电协同控制的技术很值得我国借鉴。

有关资料显示，丹麦在集中式和分散式区域供热的热电联产地区均有储热设施，这不仅能够加强能源系统的灵活性，而且对于优化整个系统的经济性和环保性都至关重要。短期储热是丹麦区域供热管网中非常重要的部分，其主要目的是将电力生产从热电联产中分离出来，让热电联产厂依据其电力需求优化配置热电联供，并且仍然能够在需要时提供热能。如此，热电联产厂可以在不影响供热的基础上，根据电力市场价格的波动合理配置热电联产。例如，热电联产厂只在当电力价格比较高时(通常在早上和下午)生产电(与热)，并只需将区域供热热水存储起来。丹麦的哥本哈根区域供热已积累了百年的技术经验，1903 年从当地的一个小系统开始，到如今这座城市 98%的供热都来自区域能源，热能由垃圾焚烧炉(25%)和发电厂(70%)生产，锅炉厂供热只占 5%。输配系统、储热罐、热负荷调配装置对哥本哈根大区区域供热系统至关重要，该系统的供热面积为 7500 万 m^2，全年产能为 10 000 GW·h，销售 8500 GW·h。系统的主要组成部分是 160 km 长、25 杆的输配系统(最高温度 110℃)和三个 24 000 m^3 的储热罐。该系统通过热交换器连接到配送系统。由传输公司运营的热市场单元负责供热优化(精确到每天，甚至每小时)，热能产自热电联产厂、垃圾焚烧厂、50 多个锅炉厂和其他小型热厂。目前，该系统正在向第四代区域供热系统过渡，计划再设置大型储热罐和储热坑，增加储热容量。

7.3 国内智慧储热技术的应用

中国工程院院士、清华大学建筑节能研究中心江亿教授认为，火电厂主要规划的功能为电力调峰，当冬季发电改为热电联产方式时，还要承担建筑供热，存在如何满足电力调峰需求的问题。这需要彻底改变目前火电厂热电联产的模式，变"以热定电"的方式为"热电协同"的方式。在火电厂安装巨量的蓄热装置，同时通过电动热泵和吸收式热泵提升发电过程中排出的低品位余热，使得发电过程产生的余热能全部回收利用，在不改变电厂锅炉蒸汽量的前提下大范围调节对外输出的电量。这种改造方式虽然设备投入较高，但是可以有效处理热电厂存在的热与电之间的矛盾。

　　近年来，随着太阳能光热储热、太阳能光伏储热、谷电储热、风电储热的快速发展，智慧储热技术越来越多地应用在清洁采暖项目中。当前国内建成并投入使用的典型储热示范项目有：中广核阿勒泰市风电清洁采暖项目、内蒙古丰泰热电厂相变储热采暖调峰项目、北软双新科创园储能采暖项目、西藏某部光储采暖示范项目、新疆某部多能互补蓄热式采暖项目等多个智慧储热示范项目，通过跨企业、跨行业、跨地区、风光余能等资源整合应用，建立起了高效、智能、经济便捷、多能互补的能源利用新模式。

7.4　智慧储热技术的发展潜力

　　智慧储热技术主要用于清洁采暖、热力调峰、余热利用和太阳能光热利用等领域。随着清洁采暖、低碳采暖的兴起，智慧储热技术更多地应用于火力发电厂、工业园区以及采暖用户端，以解决火力发电厂、工业园区低品位热源排放增加的处理成本、热污染以及利用效率等问题。对于区域供热而言，从热电联产厂、太阳能、剩余风电和工业余热等方式中得到的热源，较大程度地降低了热源生产成本，但也受到诸如输配管网、输配距离、热值等因素的影响，降低了利用效率。为此，移动式储热采暖系统应运而生，将储存的热量运至有热源需求的场所，增加并提高了余热利用方式。可以预见的是，在"十四五"能源发展规划和碳中和目标背景下，可再生能源电力比重提高，届时热电厂肩负的调峰压力将进一步增加，而储热技术和应用方式也在不断迭代升级，智慧储热将更好地满足新型能源发展要求下的电力调峰和采暖需求。

7.5　移动式智慧储热采暖系统

火力发电厂、冶炼、化工园区、酿酒、生物医药等大型企业，在生产过程中将产生大量的余热和低品位余热，由于余热和废热温度较低(一般为50℃左右)，可采用传统工艺即人工冷却的方式将热源温度调至正常温度后排放或再次利用。而50℃低品位热源非常适合建筑采暖或生活热水使用，但由于大型工厂与市区距离较远，无法通过管网输送的方式进入采暖区，因此，移动式智慧储热采暖系统将弥补输配管网的不足。

移动式储热采暖系统是利用相变材料(如脂肪酸、石蜡)作为储热介质，储存工厂的余热和低品位废热，以运输车的方式运送至采暖区域进行换热。该系统的储热体采用容积式模块设计，具有储热密度大、储热成本低、接驳简单方便、运输便捷等优点，为有间歇性和移动式采暖需求的用户提供了方便。该系统的应用，既可降低工厂的废热处理成本，又可减少采暖用户一次投资成本、运行成本以及人工管理成本。同时，减少的二氧化碳碳量指标还可上市交易，获得长期稳定的碳排放权收益。

7.6　智慧储热技术在高海拔极寒地区的应用

在我国极寒地区，如新疆、西藏、青海、甘肃等，全年日照数均在2200～3200 h之间，太阳能资源相当丰富，而部分地区能源相对匮乏，且冬季寒冷期较长，采暖需求量巨大。目前有条件的地区，大部分采用太阳能采暖，但由于热水温度波动较大，无法保证稳定的供热温度。随着储热技术的不断成熟，储热效率提高、储热量增加，低温热能得以充分利用，智慧储热技术为极寒地区安全、稳定、高效、低碳的采暖提供了可能性。如西藏日喀则，海拔 4200 m，冬季极限最低温度为−21.3℃，年均日照达到 2720 h。该地区某项目总建筑面积为 147103 m^2，采暖总负荷为 5899 kW，冬季采暖期为 180 天，采用微观太阳能集热+脂肪酸相变储热+蓄热式热泵机组+智慧管控系统构建多能互补智慧供热系统，提供冬季采暖及全年生活热水。该系统利用季节性储热与短期储热相结合的方式，将热能储存在脂肪酸相变储热系统内，冬季采暖时作为蓄热式热泵机组的热源，为建筑内提供稳定、清洁的采暖。

7.7 "碳中和"背景下智慧储热技术的发展

2017 年 10 月，国家能源局、发改委等五部委联合发布的《关于促进储能技术与产业发展的指导意见》中指出，"集中攻关包括相变储热材料与高温储热技术及储能系统集成技术等一批具有关键核心意义的储能技术和材料；试验示范一批包括大容量新型熔盐储热装置在内的具有产业化潜力的储能技术和装备；在推进储能提升可再生能源利用水平应用示范方面，支持在可再生能源消纳问题突出的地区开展可再生能源储电、储热、制氢等多种形式能源存储与输出利用"。

2021 年 3 月发布的《中华人民共和国国民经济和社会发展第十四个五年规划和 2035 年远景目标纲要》中提出，"推进能源革命，建设清洁低碳、安全高效的能源体系，提高能源供给保障能力。加强源网荷储衔接，提升清洁能源消纳和存储能力，加快抽水蓄能电站建设和新型储能技术规模化应用"。

据有关资料显示，到 2023 年，我国储热的装机量至少在 50 GW 以上，包括采用固体储热、水蓄热、相变储热等技术路线的项目。可以预见，随着碳达峰、碳中和目标愿景的逐渐落实，燃煤、燃气采暖将逐渐被可再生能源和新能源替代，智慧储热将成为采暖和调峰的重要组成部分。因此，加强智慧储热技术及其相关产品研发，因地制宜地选择适用性较强的储热材料，充分利用可再生能源和新能源，将改变采暖结构与能源利用方式，实现储热采暖净零排放的目的。

CHAPTER EIGHT
第八章

智慧能源推动生态工业园区低碳化发展

　　生态工业园区是依据循环经济理论和可持续发展理念设计的一种新型工业组织业态,以清洁化、绿色化、低碳化为目标,建立符合产业发展结构的绿色工业园区。生态工业园区遵从循环经济减量化、循环利用、互助共济的原则,尽量减少区域废物,将园区内一个工厂或企业产生的副产品用作另一个工厂的投入或原材料,通过废物交换、循环利用、清洁生产等手段,最终实现园区的污染物"零排放"。智慧能源作为能源效率提升的前沿技术,具有电力、制冷、采暖、蒸汽等多能互补、协调互济的特征,为生态工业园区实现低碳化发展提供了技术支撑。

8.1　生态工业园区智慧能源的发展现状

　　据有关资料显示,2019 年国家高新区工业企业万元增加值能耗为 0.464 吨标准煤,优于国家生态工业示范园区标准相关指标值和全国平均水平;136 家国家高新区全年 PM2.5 浓度低于 50 μg/m³ 的天数达到 200 天以上;86 家国家高新区森林覆盖率超过 25%。由于现有生态工业园区与国家高新区发展定位和发展方向有所不同,智慧能源利用率普遍偏低,工业企业万元增加值能耗远高于 0.464 吨标准煤。

　　当前,各级政府在国家相关政策的指导下,将生态工业园区低碳化作为主要发展方向。但由于起步较晚,建设整体仍处于发展的早期启动阶段。为此,各园区管委会正在通过自身条件对产业进行"整理、优化、升级",并围绕主导产业以精准化、生态化、专业化、个性化、低碳化整合园区资源,提升园区竞争力,引导生态工业园区各项指标向国家高新区靠齐。新建生态工业园区在总结既有园区发展经验和教训的同时,坚持以"规划先行"为指导原则,制定科学、精准的长远发展计划,将智慧能源应用、碳排放指标作为园区约束性条件,在规划过程中更加注重整体协调和绿色发展理念,巩固提升绿色发展优势,探索园区科技创新和经济繁荣相协调、相统一的可持续发展路径，以提高生态工业园区的整体发展水平和高度。

8.2 生态工业园区智慧能源技术的应用

生态工业园区智慧能源系统主要是利用项目所在地的自然资源禀赋，结合能源特征、分布状态、建筑业态、一次能源成本等多种因素，因地制宜地制定园区智慧能源技术形式。系统一般采用冷热电三联供+可再生能源(水源热泵、地源热泵、污水源热泵)+太阳能(光热)系统+空气压缩储能(储电、储热)+智慧管控+智能微电网控制等技术形式构建多能互补智慧能源系统，为园区提供制冷、供热、电力、热水、蒸汽等综合能源服务，其技术形式分为以下几种。

1. 冷热电三联供系统

冷热电三联供系统是一种同时生产电力和冷、热的联合系统。该系统以天然气为主要燃料带动燃气轮机或内燃机发电机等燃气发电设备运行，产生的电力可满足用户的电力需求，而系统排出的废热则通过余热回收设备(余热锅炉、余热吸收式冷热水机组或换热装置等)制热、制冷、制蒸汽等，实现能源的梯级利用，使效率从常规发电系统的40%左右提高到75%以上，节省了大量一次能源。

2. 水源热泵系统

水源热泵系统是一种利用地球表面或浅层水源(江、河、湖泊等地表水和地下水)的蓄能，分别在冬季、夏季作为采暖的热源和空调的冷源，利用热泵机组实现低温位热能向高温位转移的高效节能空调系统。它具有环保、节能、无须设置锅炉和冷却塔，降低城市热岛效应等优点。实践表明，水源热泵系统与传统空调系统相比可节约40%以上的能源。

3. 地源热泵系统

地源热泵系统是利用地下常温土壤和地下水相对稳定的特性，通过深埋于建筑周围的管路系统或地下水，采用热泵原理，通过少量的高位电能输入，实现低位热能向高位热能转移与建筑物完成热交换的一种技术。冬季，地源热泵从地源(浅层水或岩土体)中吸收热量，向建筑物采暖；夏季，热泵机组从室内吸收热量并转移释放到土壤中，实现建筑物空调制冷。

4. 污水源热泵系统

污水源热泵系统是以提取污水作为储存能量的冷、热源的热泵系统。该系统利用冬季污水的温度高于室外温度、夏季污水的温度低于室外温度的特点，用污水源热泵技术把储存在污水中的低位热能加以回收和利用。夏季可向污水中排放热量实现制冷，冬季从污水中提取能量实现供热。

5. 太阳能(光热)系统

太阳能(光热)系统是利用太阳能集热器收集太阳辐射能，然后把水加热的一种装置。太阳能作为一种新能源，取之不尽，用之不竭。它是人类可以利用的最丰富的、清洁的能源，其在开发利用时，不会产生废渣、废水、废气，也没有噪音，更不会影响生态平衡。

6. 智慧管控系统

智慧管控系统采用智能化监控、网络化群控和远程控制等先进的信息技术，实现了用户侧能源自动调配、峰值管理、自动计量、自主决策、自适应、无人值守等功能。

7. 智能微电网系统

智能微电网系统是指由分布式电源、储能装置、能量转换装置、相关负荷和监控、保护装置组成的区域能源控制系统。通过微电网控制系统可以实现对整个内部电网的集中控制，是一个能够实现自我控制、保护和管理的自治系统，既可以与外部电网并网运行，也可以孤立运行。它作为完整的电力系统，依靠自身的控制及管理功能实现功率平衡控制、系统运行优化、故障检测与保护、电能质量治理等。

为实现园区能源的最大化利用，可采用上述技术形式构建多能互补智慧能源系统。系统遵循"以热定电、自发自用、梯级利用、并网不上网"的原则，建立以可再生能源为主，冷热电三联供为辅的智慧供能系统。该系统以能源梯级及多机种、多能源的复合应用方式，优化系统控制策略，

提高一次能源的利用效率、减少碳排放量,使能源的综合利用率提高至 85%
以上。

8.3 智慧能源在生态工业园区的作用

节能减排管理水平是决定新型生态工业园区碳减排成效的制衡因素,
在我国当前大力推进低碳、节能、环保产业发展,鼓励实施低碳项目的大
背景下,如果园区管理部门在知识、理念和实务能力等方面的储备不足,
将会成为碳减排"木桶效应"的短板。可通过社会性规制杠杆,激发园区
参与"碳减排"活力,提升"碳减排"在园区规划、许可、考核过程中的
权重。倡议将碳排放水平作为新立项园区的前置规划设计条件之一,把创
建生态园区、低碳园区纳入现有园区的考核体系。

生态工业园区要建立切实可行的碳排放制度,建立碳排放清单(包含碳
汇计算),搭建动态更新的档案管理平台,对生产型、能源型、废弃物处置
型、生活型等不同类别的项目分别实施管理,对具体项目立项、建设、运
行、退出等环节实施全生命周期碳排放监控管理,让低碳园区、碳近零排
放园区从纸面跃入现实。园区管理部门可依托园区能源、原材料、废弃物
循环系统,挖掘内部企业之间的碳互补性潜力,推动低碳技术与既有节能
减排项目的嫁接融合。相关部门应主动为企业和技术研发单位牵线搭桥、
孵化、培育适宜的碳捕集、利用、封存技术,提升园区项目、产品的低碳
含金量和市场竞争力。

生态工业园区管委会在园区规划时应对园区智慧能源系统进行统一规
划,并通过对园区的产业定位、入驻企业业态以及自然资源禀赋进行综合
论证分析,建设分布式智慧能源中心,为入驻企业提供如制冷、供热、电
力、蒸汽、热水等综合能源服务,从而降低入驻企业的建设成本和运营成
本,减少入驻企业能源设备管理、维修等人力成本。智慧能源中心可引入

社会资本开发建设，能源投资企业通过对园区自然资源禀赋、业态、用能结构、一次能源价格等因素进行综合分析，因地制宜地建设多能互补智慧能源中心，并采用分时分区分段能源供给策略，减少能源设备的闲置率。同时，对园区企业生产过程中产生的废水、废热、废气等进行回收和再利用，降低能源使用成本，减少二氧化碳等有害物质的排放，实现园区绿色化、低碳化、节约化的运行目标。

8.4　智慧能源促进工业园区低碳化发展

随着全球物联网、移动互联网、云计算等新一轮信息技术的迅速发展和深入应用，"智慧园区"建设已成为生态工业园区的重要发展趋势。由于智慧能源系统具有能源梯级利用、综合效率高、无污染、无排放、清洁、低碳、高效等特征，因此被视为未来生态工业园重要的能源供给形式。

从技术形态分析，生态工业园可利用自然资源条件，废热、废水回收利用，能源梯级利用调峰，冷热电联供，大数据、人工智能等技术建设综合智慧能源中心，为园区提供制冷、供热、电力、热水、蒸汽等综合智慧能源服务。

从供能形式分析，智慧能源根据园区内企业的用能情况和用能特征，因地制宜地制定能源用能方案，最大限度地解决用能不均衡、利用率差等问题，降低设备设施的闲置率，减少园区企业的初期投资成本。同时，能源互补共济可有效解决园区内企业能源的稳定性和安全性，降低园区生产过程中因能源故障和设备检修带来的停工停产等问题。

从经济性分析，传统工业园区是由生产企业按照自有生产规划建设相关能源设备(如冷冻、冷藏、热水、蒸汽等)，其存在以下主要问题：(1) 一次性投资成本过高；(2) 按照最大生产量建设，闲置率增加；(3) 兼顾生产过程中设备替代，投资增量较大。而生态工业园区则是从园区整体规划入手，在充分调研园区入驻企业用能需求的同时，综合分析能源技术形式及其经济性，并建立错峰运行策略，利用内部循环回收废热、废气、废水等可再生资源，统一规划建设智慧能源中心，为园区企业提供所需的各种能源。

智慧能源中心的规划建设不仅节约了园区入驻企业的能源设施、设备的投资建设成本，还能有效解决能源设备闲置率以及运行管理成本等问题，更是提高了能源利用效率和降低了污染物排放等问题。

生态工业园智慧能源中心由于投资属性较好，用能稳定，且具有环保节能低碳的优势，园区管委会可采用自建或引进第三方投资机构投资、建设以及运营管理，以使用者付费的模式支付能源使用费。该模式使政府部门在不增加投资的情况下有效降低园区及周边的排放物和能源消耗，减少区域污染物指数。由于园区管委会统一规划、统一建设，因此提高了招商引资能力。对于入驻企业，既解决了建设成本和生产成本，同时也减少了设备故障维修、运营管理等相关费用。智慧能源中心的投资者可获得稳定、可持续投资收入，同时二氧化碳减量指标可以上市交易，获得增值收益。因此，工业园区智慧能源中心的建设，对政府、园区、企业、投资者等多方都具有较好的社会价值和经济价值，具有可推广性。

第九章

多能互补综合智慧能源推动
能源绿色低碳转型

多能互补综合智慧能源，简单来说，就是一种在一定区域内，多种能源有机整合、相互补充，以提高区域内能源使用效率的用能形式。

我国作为世界最大能源生产国和消费国，传统能源生产和消费模式已难以适应当前形势。在经济增速换挡、资源环境约束趋紧的新常态下，推动能源革命势在必行、刻不容缓。现阶段，单一清洁能源替代传统能源已经不能完全满足实际需求，而应由太阳能光热、光伏、水地源热泵、空气源热泵、燃气锅炉、生物质、风电等多种低碳能源，以多能互补的理念进行系统集成，通过智慧能源控制云平台进行统一的管理，因地制宜地选择最适合项目的解决方案，与常规的集中式能源供应模式形成有效互补。这种"多能互补推动传统能源转型，智慧解决方案让能源更清洁"的理念，将是今后一段时期内降低我国能源消耗与碳排放、解决新型城镇化发展中能源需求问题最有效的方式之一。

9.1 多能互补综合智慧能源国外发展历程

多能互补综合能源系统在欧洲和美国开展较早，而丹麦在大型太阳能与生物质联合应用方面取得了丰富的经验，1988—2006 年，丹麦建成的所有太阳能供热厂都是与生物质能联合兴建的，这种能源利用方式得到了丹麦政府的大力支持，最好的证明就是所有太阳能与生物质能联合兴建的供热工厂都可以从政府得到补贴。丹麦于 1998 年开始运行的 4900 平方米的 Risk Ping 项目和 2001 年开始运行的 3575 平方米的 Rise 项目都是太阳能与燃木屑锅炉结合使用的项目。另外，瑞典在太阳能与生物质能结合方面经验也较丰富，这从其 1989 年开始运行的 5500 平方米的 Falkcnberg 项目和 2000 年开始运行的 10 000 平方米的 Kung lv 项目可以看出，这两个项目都是太阳能与燃木屑锅炉联合供热。太阳能与燃气互补系统是欧洲采暖比较普遍的方式之一。这主要是由于欧洲有长期使用燃气的习惯，并且太阳能与热泵系统受天气影响较大。德国于 1996 年开始运行的 4300 平方米的 Fricdrieh Shafen 项目是其中比较典型的项目，项目由太阳能与燃气锅炉联合供热。另外，太阳能与热泵相结合的系统也是欧洲采暖的方式之一，但应用并不普遍。由于在室外环境温度较低时，采用氟碳类制冷剂的空气源热泵机组的制热性能衰减情况明显，因此家用热泵系统目前主要在法国、德国和意大利安装应用，其他国家和地区的安装数量较少。而安装的家用热泵系统，80%左右的热泵用于采暖或游泳池加热，用于制取卫生热水的机组约为 20%。

与欧洲情况相似，美国、日本等由于国家成套供应的住宅用热能系统(热水和采暖)越来越多，出现了住宅能源系统的集成化应用和商品化的趋势。多能源组合系统具备了供应住宅内全部热能需求的功能，与多种末端协调运行是各企业需重点解决的技术问题。

美国可持续设计和产品管理公司(SDPM)制造的气候和谐系统在众多的多能源集成系统中也具有一定代表性。这是一种模块化的多能源集成住宅热水系统，具有灵活满足不同需求的快装式模块。其中，以燃气采暖锅炉为核心的热源模块可以根据用户需求，具备多种功能，配备的标准接口可以方便地与空气源热泵、太阳能集热器连接。

9.2 多能互补综合智慧能源国内发展历程

早在 2016 年，国家发改委、国家能源局就出台了《关于推进多能互补集成优化示范工程建设的实施意见》，其中提出"建设多能互补集成优化示范工程是构建'互联网+'智慧能源系统的重要任务之一，有利于提高能源供需协调能力，推动能源清洁生产和就近消纳，减少弃风、弃光、弃水限电，促进可再生能源消纳，是提高能源系统综合效率的重要抓手"。

近年来，随着低碳化发展步伐的加快，多能互补智慧能源已经成为能源领域的重要发展方向,以天然气冷热电三联供+可再生能源+储能+智慧管控等技术形式构建的多能互补综合智慧能源系统广泛应用于城市综合体、医院、学校等公共建筑的制冷、供热、电力、生活热水、蒸汽等综合能源服务。

　　贵州省某新区科技新城规划建设的多能互补智慧能源系统是比较典型的示范项目。新城规划 10 座多能互补综合智慧能源中心,估算总投资约 30 亿元,覆盖面积约 1475 平方米,采用冷热电三联供、水源热泵、污水源热泵、太阳能光热、空气储能等清洁能源技术,以实现多能互补和能源协同供应,为用户提供制冷、供热、电力、生活热水、蒸汽等综合能源服务。

9.3　多能互补综合智慧能源应用形式

　　目前,多能互补主要有两种模式,一是面向终端用户制冷、供热、电力、蒸汽等多种用能需求,因地制宜、统筹开发、互补利用传统能源和新能源,优化布局建设一体化集成供能基础设施,通过天然气热电冷三联供、分布式可再生能源和能源智能微网等方式,实现多能协同供应和能源综合梯级利用;二是利用大型综合能源基地风能、太阳能、水能、煤炭、天然气等资源组合优势,推进风光水火储多能互补系统建设运行。

　　多能互补综合能源系统一般涵盖集成的供电、供气、采暖、供冷、供氢和电气化交通等能源系统,以及相关的通信和信息基础设施。该系统充分发掘了各个能源系统的潜力,成为当今能源系统发展的主要方向,是区域供能系统中最常见的形式。

　　近几年来,随着我国工业园区的建设发展、微网与新能源发电的普及、新投资模式的不断升级,同时注重可靠技术与经济回报的理念加深。为满足新供需形势下的需求,发展多能互补概念下的终端一体化集成供能系统和风光水火储多能互补系统就成为了不二选择。

9.4 多能互补在"碳中和"背景下的作用

当前，国家正在进行能源体制改革以及绿色低碳循环发展的经济体系建设，综合能源、能源梯级利用、绿色能源等多能互补项目会在更加广泛的区域范围甚至大型城市供能领域发挥更大的作用。并逐渐打破以单一电网、热网、气网运营的模式，打破不同业务部门协调困难、规划不统一、运营效率不高的困境。这将为各领域的体制改革提供标杆，也满足民众和企业对能源便利、用量与价格的期待。从世界各国的多能互补项目发展来看，大多数试点都在小范围区域展开，但是多能互补的高效应用不仅局限于能源层面，将多个小型多能互补项目向上集成更大范围的能源互联网才是未来的趋势。

建设多能互补集成优化示范工程是构建"互联网+"智慧能源系统的重要任务之一，有利于提高能源供需协调能力，推动能源清洁生产和就近消纳，减少弃风、弃光、弃水限电，促进可再生能源消纳，是提高能源系统综合效率的重要抓手，对于建设清洁低碳、安全高效现代能源体系具有重要的现实意义和深远的战略意义。未来能源的发展路径，将从现在的化石能源为主转变为化石能源与可再生能源应用互补，最终发展为可再生能源为主、甚至100%可再生能源时代。可再生能源、智能微网，多能源互补、冷热电联供、能源低碳化将是未来能源的基础架构。

根据初步统计，到2019年全国有200余个国家级产业园区，1300余个省级产业园区，逾万个县级产业园区。若全国三分之一的产业园区实施多能互补终端一体化集成供能系统，那么市场空间将达万亿以上。"十三五"期间，已经建成的多能互补集成示范项目近20余项，某新区多能互补智慧能源中心就是典型的多能互补集成优化示范项目。该项目因地制宜地利用地表水、太阳能、风能、余热、储能等可再生能源技术，并结合天然气冷热电三联供系统，构成多能互补智慧综合能源系统，为近 100 万平方米建筑面积提供制冷、供热、热水、电力(部分)等综合能源服务。项目建成后，每年节省标煤 3270.19 吨，减少 CO_2 排放 9243.02 吨，具有较好的经济效益和社会效益。

为此，在规划新建城镇、产业园区、大型公用设施(机场、车站、医院、学校等)、商务区和海岛地区等基础设施建设时，加强多能互补一体化终端系统的统筹规划和一体化建设，因地制宜实施传统能源与风能、太阳能、地热能、生物质能等能源的协同开发利用，通过天然气热电冷三联供、分布式可再生能源和能源智能微网等方式实现多能互补和协同供应，为用户提供高效智能的能源供应和相关增值服务，同时实施能源需求侧管理，推动能源就地清洁生产和就近消纳，提高能源综合利用效率，是能源体系绿色低碳转型、实现碳中和目标的有效途径。

CHAPTER TEN

第十章

"碳中和"背景下区域能源的发展

区域能源又称区域供冷供热系统，其主要优势是利用可再生能源、新能源(如太阳能、风能、生物能)、热电联产等先进技术以及数字化控制技术，提高系统和机组的运行效率、减少初期投资等，实现区域供冷、供热等综合能源服务。区域能源由于系统连接的用户数量巨大，各用户冷热负荷的同时使用系数小于 1，因此这既能在一定程度上降低对系统整体供冷、供热能力的要求，又可以使系统的工作曲线维持在较为平缓的状态，为系统的高效运行提供保证。同一套输送管网可以实现夏季供冷、冬季供热的需求，热泵机组、水泵及配电设备均可以在冬夏两季全程运行，大大提高了设备利用率。大型区域能源站可以综合应用各种能源实现制冷和制热，湖水、江水、污水、海水等低品位热源都可作为热泵机组的热源侧源水使用，辅以蓄冷、蓄热技术，一方面，可以实现电网削峰填谷，减小供冷、供热系统在冬夏季冷热需求达到峰值时对其他用电企业、单位的影响和发电厂的运行压力，另一方面，还可以降低对系统总制热制冷能力的要求——在冷热负荷需求低谷期，运行热泵机组蓄存冷量或热量供高峰期使用，热泵机组仅需负担剩余冷热负荷。区域供热和供冷系统具有环保作用，由于大型热泵机组高效、不间断运行，因而制取同等冷热量的耗电量将大幅减少。

10.1　发展区域能源的必要性

我国正处在经济高速发展，人民生活水平、城镇化水平不断提高的阶段，截至 2020 年，我国年均城乡竣工建筑面积约为 20 亿 m^2，其中城市竣工面积为 10 亿 m^2，城乡人均住宅面积分别达到 30 m^2 和 38 m^2，全国约有 65% 以上的人口生活在城市中，建筑能耗比例也持续提高并最终接近发达国家水平。在建筑能耗中，采暖和制冷能耗是最主要的分项能耗，合理有效地利用可再生能源、新能源提供采暖和制冷，是实现建筑节能的关键措施。

　　区域能源发展是推进可再生能源和新能源在建筑中综合利用的一种方式，是贯彻落实科学发展观、优化能源结构、保证国家能源安全的重要举措，是实现国家节能减排战略目标的必然选择，是满足能源需求日益增长、改善人民生活质量、提高建筑用能效率的现实要求。区域供冷供热系统凭借其节能、高效、自动化程度高等优势，受到越来越多的投资者、运营商以及使用者的青睐。

　　现阶段我国发电方式仍以火力发电为主，减少耗电量即是将直接减少因火力发电引起的温室气体和二氧化碳排放。采用区域供冷、供热系统，可减少建筑内的设备安装空间，提高建筑的空间利用率和舒适度。由于区域供冷供热系统复杂、设备类别较多，必须采用智能化控制系统为其提供程序化的管理措施、节能运行技术，保证系统能够在全年绝大多数时间内处于高效运行状态。只有将区域供冷供热系统、能源管理系统和节能运行技术有机融合，才能将区域供冷供热系统的优势落到实处。

10.2　国内外区域能源的发展现状

　　区域供热在欧美国家发展较早，法国 14 世纪建立的区域供热系统运行至今。特别是在 20 世纪中期发达国家认识到区域能源的经济效益后，欧洲诸多国家开始发展区域供热，且在 20 世纪 70 年代开始推进热电联产，80年代瑞典、芬兰、丹麦等国家已利用太阳能、热泵、垃圾焚烧、沼气等多种热源形式进行区域供热，并且应用计算机技术进行区域能源规划和区域供热方案优化设计。截止到 2000 年，瑞典安装了总容量 40 TW·h 的区域供热系统，可以满足全国一半以上的供热量需求，拉脱维亚、立陶宛的区域供热系统覆盖了全国 65% 的供热量。

　　区域供冷供热是在区域供热的基础上发展起来的。据有关资料显示，区域供冷的概念最初是美国学者 20 世纪 40 年代提出的，并于 1961 年在美国的哈特福德(Hartford)建成了最早的商业化区域供冷工程，但受当时技术限制，系统的能源效率很低，经济效益不好；法国于 1967 年在拉德芳斯建成了大型的区域供冷系统，并于 1997 年使供冷能力达到 220 MW。

1995 年，瑞典斯德哥尔摩市内的大型区域供冷项目投入使用，在经过几次扩容后，2004 年底，市内已有 12 个大小不同的系统，总体供冷能力为 354 MW，供冷面积为 800 万 m^2，管线长度达到 83 km，成为世界上最大的区域供冷工程之一。值得一提的是瑞典拥有世界上最先进的免费制冷技术。免费制冷指的是利用低温海水、湖水、地下水等自然冷量来达到降低室内温度的目的，由于在免费制冷中没有热泵机组或制冷机组的能耗，只有水泵的输送能耗，因此免费制冷系统的整体能效比非常高，可以达到 12℃～14℃。

日本的区域供冷供热技术也发展较早，从 1970 年在大阪万国博览会场建成当时世界第一座最大的集中供冷供热系统开始，迄今为止，在日本全国已有上百个集中供热(冷)系统运行，且日本很重视区域供冷供热的发展，规定在新建和改建的建筑超过 3000 m^2 时，须将其纳入区域供冷供热中。

近年来，世界区域供冷发展迅速，除了美国、法国、瑞典、日本等区域供冷应用较早的国家外，在荷兰、加拿大以及中东沙特阿拉伯等地区的区域供冷项目也成为新的亮点。

我国区域供热技术发展迅速，20 世纪 50 年代在苏联的帮助下建设了一批热电厂，60 年代后在学习苏联经验基础上，又自力更生地建设了一批热电厂，到 1998 年我国供热机组已达 24 938.5 MW，且东北、华北、西北地区的主要城市已经实现了集中供热。近年来随着能源紧张和我国经济科技水平的提高，我国的区域供热技术更新迅速，很多地区应用热电联产、热泵等新技术来进行区域供热。

近年来，我国区域能源发展迅速，如重庆江北嘴区域能源中心，服务面积超过 390 万 m^2；贵安云谷多能互补智慧能源中心，服务面积超过 100 万 m^2；贵州财经大学区域能源中心，服务面积超过 70 万 m^2；乐山职业技术学院区域能源中心，服务面积超过 30 万 m^2。

10.3　区域能源的适用性

区域供冷供热系统可以为居住小区、开发区、园区、学校、医院、城市综合体等建筑提供包括制冷、供热、热水、蒸汽等综合能源服务。能源系统包括锅炉房供热系统、冷水机组系统、热电厂系统、冷热电三联供系统、水地源热泵系统、太阳能供热系统、蓄热式热泵系统、储热供能系统等。所用的能源也可以多样化，如燃气、太阳能光热、地下水源、地表水源、污水源、土壤源、太阳能光伏、风力、生物质能等均可作为区域能源系统的输入能源。

10.4　区域能源的技术类型

1. 区域能源系统

区域能源系统主要包括：

(1) 常规空调冷热源系统。夏季采用电制冷机组供冷、冬季采用燃气锅炉采暖。

(2) 地源热泵系统。采用热泵机组夏季供冷、冬季供热，全年提供生活热水。

(3) 多能互补智慧能源系统。通过对建筑群冷热负荷、热水负荷、蒸汽负荷进行详细地分析计算，并对项目所在地自然资源禀赋、一次能源价格、政策、税收等进行详实、充分地论证分析，确定区域能源的能源利用形式和技术路径。通常可采用天然气冷热电三联供+可再生能源+余热回收+储能(热)+智慧管控等技术形式构建多能互补分布式智慧能源系统。该系统一般以"可再生能源为主、天然气三联供为辅"的设计原则，以及"以热定电、并网不上网"技术形式进行系统配置，充分利用可再生能源和余热回收，降低能源使用成本和减少污染物排放。

(4) 蓄热式采暖系统。利用太阳能资源丰富的优势，采用季节性储热和短期储热相结合的方式，以脂肪酸相变材料作为储存太阳能的蓄热体，并作为热泵机组的热源，为建筑群提供安全、稳定、低碳的采暖和生活热水。该系统适用于我国北方太阳能丰富且采暖期较长的地区。

2. 区域能源技术

区域能源技术主要包括：

(1) 区域供冷技术。区域供冷技术是指针对一定区域内的建筑群，在集中的能源站制取冷水，通过输配管网输送到各建筑换热后供给用户，满足用户冷负荷需求的系统。

(2) 冷热电三联供技术。冷热电三联供技术是一项先进的供能技术，它首先利用天然气燃烧做功产生高品位电能，再将发电设备排放的低品位热能(烟气、蒸汽、热水等形式)充分用于供热和制冷，实现了能源的梯级利用和就地消纳，提高了能源综合利用率，并减少了输配电损失，同时满足了用户的多种能源需求。另外，联供系统还有作为应急电源和应急冷源，提高了用户的能源可靠性。

(3) 基于可再生能源的热泵空调技术。基于可再生能源的热泵空调技术是一项清洁的供能技术，利用丰富的地热资源、太阳能资源、风力资源等进行冷热量交换，使之达到节能的目的。一般输入 1 kW 电量可获得 4 kW 以上的热量(冷量)，且无排放、无污染。热泵机组一机三用，具有提供制冷、供热、热水三种功能，较常规空调系统可减少冷却塔、锅炉等设备配置，降低投资成本。

3. 区域能源可再生能源技术

区域能源可再生能源技术主要包括：

(1) 空气源热泵。空气取之不尽、用之不竭，处处都有，且可无偿使用。

空气源热泵装置可减少占用建筑空间，节省了建设机房的投资，免去了冷却水塔、冷却水泵及连接的管道系统，且使用方便，得到了广泛的应用。

(2) 土壤源热泵。土壤源热泵是以土壤为冷、热源的热泵技术。大地表层温度一般为 15℃～20℃，全年地温波动小，因此可降低夏季制冷、冬季采暖的能耗，并且土壤源热泵不占用地面，节省建筑空间，地下埋管换热器不需要除霜，土壤还有蓄能作用，是一种节能、对环境无害的绿色技术。应用土壤源热泵系统时，由于地下埋管换热器受土壤性质的影响较大，且土壤性质随地域不同而差异较大，土壤传热效率直接影响到系统稳定性，在设计前必须对土壤进行地质勘探、热响应、热物性试验，满足条件时方可使用。同时，由于冬、夏负荷的不平衡性，土壤热泵的长期运行会导致热污染，使得土壤温度场分布不均匀，热泵效率降低。在进行系统设计时应进行吸热量和排热量计算，吸热量和排热量失衡时，需要设计辅助补热和散热装置。土壤源热泵的空调系统地下埋管的占地面积较大，投资大，系统设计前应充分论证其经济性。

(3) 地下水源热泵。地下水源热泵是直接以地下水(深井水、泉水、地热尾水等)为热源/热汇的热泵系统。其地下水井深度一般≤100～400 m，一年四季地下水水温比较恒定，一般为 12℃～24℃。应用地下水源热泵系统时，应着重考虑地下水源热泵在不同地区的实用性。由于其涉及当地水文地质条件，包括水量、水质、水温等，以及不同气候带，不同建筑类型条件下，水源热泵的投资不同，设计前需要对经济效益进行充分论证。同时，应根据实际工程的地质情况采用不同的人工回灌，如地面渗水补给、诱导补给、注水补给，且在回灌中需严格控制回灌水质，以防止地下水水质污染。系统设计前应了解当地相关政策，在政策允许的情况下，需要对地下水文、地质条件进行勘探。回灌水应严格按照相关规范标准进行设计，因为回灌水直接影响到地质结构稳定性，所以应充分考虑因回灌量不足对地质带来的危害。

(4) 地表水源热泵。地表水源热泵利用江、河、湖、海等水资源作为冷热源，其运行没有任何污染，可建造在居民区内，不用远距离输送热量，其带来的环境效益非常显著。地表水源热泵系统具有节能优点，是最经济的空调系统。

(5) 污水水源热泵。污水水源热泵利用污水中的能量，以污水作为热能/热汇。由于城市污水排放量巨大，污水资源十分丰富；受气温影响较小，冬暖夏凉，水温适宜；与地下水源热泵相比既可省掉打井费用又不需要抽水与回灌所需的动力，也可避免出现由于回灌不当而引发的地下水资源的破坏问题，有较好的经济效益，其应用前景广阔。但污水水质的优劣是污水源热泵采暖系统成功与否的关键，因此要了解和掌握污水水质以判断是否可作为低温热源，同时其换热器应具有防堵塞、防腐蚀、防繁殖微生物等功能。

(6) 蓄热式热泵。利用太阳能季节性储热和短期储热相结合的方式储存热能，作为热泵机组的热源。太阳能是一种无污染、无穷无尽的可再生清洁能源，可采用与建筑物做成一体的低温平板集热器，其效率较高，不需设除霜装置。采用脂肪酸相变材料作为蓄热体，具有储热容量大、成本低、相变温度广等特点。但太阳能集热器必须具有良好的防冻性能，避免冬季冻损，同时配置可靠的系统控制设施，以便在太阳能供热状态和辅助热源供热状态之间做灵活切换，保证系统正常运行。

10.5 区域能源的社会效益

随着经济的发展，人民生活水平及城镇化水平的提高，建筑能耗在社会总能耗中的比重越来越大，成为主要的能耗大户。区域供冷供热系统因其高效的运行效率、安全可靠的运行管理、节能环保等优点，受到越来越多的关注，在区域性建筑中应用越来越广泛。然而由于区域中建筑数目多、类型多，并且在区域供冷供热规划阶段，建筑信息有限，也存在没有足够的统计数据可以参照等问题，导致区域供冷供热与单体建筑供冷供热相比有很大的不同和难度。为此，在制定区域供冷供热系统方案中，应切实了解并分析建筑类别，同时使用系数、运行业态、控制措施等多种因素。在条件满足且经济效益和社会效益显著的情况下，城市建筑群(城市综合体、小区、学校、医院、工业园区)均应优先选择区域能源系统，既能有效降低一次投资成本和运用成本，又能最大限度地降低二氧化碳等有害物排放，减少环境污染。

CHAPTER ELEVEN
第十一章
"碳中和" 背景下储能产业的发展

近年来，我国储能产业呈现多元化发展的良好态势，抽水蓄能发展迅速，空气动力存储发电系统、飞轮储能、超导体储能和超级电容、铅蓄电池、锂离子电池等储能技术研究应用加速；储热、储冷、储氢技术也取得一定的进展。我国储能技术总体上已经初步具备了产业化的基础。加快储能技术与产业发展，对于构建"清洁低碳、安全高效"的现代化能源产业体系，实现 2030 碳达峰、2060 碳中和目标，推进我国能源行业供给侧结构性改革，推动能源生产和利用方式变革具有重要战略意义，同时还将带动从材料制备到系统集成全产业链发展，成为提升产业发展水平，推动经济社会发展的新动能。

11.1 储能产业的发展前景

在碳中和背景下，风电、太阳能等可再生能源越来越多地被开发利用，但由于这类可再生能源的间歇性和波动性，电力系统调节能力难以完全适应新能源大规模发展和消纳的要求，部分地区出现较为严重的弃风弃光现象。根据国家能源局统计数据，2019 年我国弃风率最高的省份的弃风率为 14%，弃光率最高的省份的弃光率超过 24%。为了提高可再生能源的并网的稳定性，储能是有效调节可再生能源发电引起的电网电压、频率及相位变化，促进可再生能源大规模发电，并入常规电网的必要条件。

全球能源互联网实质是"智能电网 + 特高压电网 + 清洁能源"。智能电网是基础，特高压电网是关键，清洁能源是根本，而大规模储能系统是智能电网建设的关键一环。从某种程度上来说，储能技术应用程度既决定了可再生能源发展水平，也决定了能源互联网的成败。西方国家在 10 年前就已经开始重视储能技术研发和产业化。美国政府以其国防部先进研究计划(Defense Advanced Research Projects Agency)为范本，成立能源部先进研究计划署(Advanced Research Projects Agency for Energy)，集结全美国最好的科学家、工程师和企业家对可再生能源技术进行研究，而储能技术是其重中之重。德国能源转型令世界瞩目，德国可再生能源占电力来源的比例从 2000 年的 6%增长到 2015 年的 30%，这一比例在部分时段甚至会达到 70%～90%。该国在能源转型过程中颇为重视储能技术，政府除了资助相关技术研发费用外，每年还设立 5000 万欧元补助金，专门帮助居民购买储能系统，光伏发电量有 1/3 来自居民。

11.2 储能产业的发展现状

2016 年，国家发展与改革委员会和国家能源局下发了《能源技术革命创新行动计划(2016—2030 年)》，在该文件 15 项重点任务之一的"先进储能技术创新"中明确指出：研究面向可再生能源并网、分布式及微电网、电动汽车应用的储能技术，掌握储能技术各环节的关键核心技术，完成示范验证，整体技术达到国际领先水平，引领储能技术与产业发展。

当前，集中式的大型储能电站的单机容量可达百兆瓦量级，发电时间可达数小时，可在电力系统负荷低谷时消纳富余电力，在负荷高峰时向电网馈电，起到"削峰填谷"的作用，从而促进电力系统的经济运行。一般情况下，用电尖峰时间约占用电时段的 5%，对应尖峰用电量的 20%，这部分电量具有较高的商用价值。根据国内大型城市的峰谷电价差统计数据核算，目前储能最低成本为 0.5 元/度，电价大于 0.8 元/度的地区使用该系统，这些地区对应的 2019 年用电量合计约为 3972.54 亿 kW·h，若其中 10%的用电量通过储能来进行削峰填谷，大约需要 1.2 亿 kW·h 的储能设备(其容量对应日充放电量)，若按储能每 kW·h 约 1250 元的投资额计算，则对应累计市场规模将达到 1500 亿元。

据统计数据显示，广东省、江苏省、浙江省、安徽省是用电大省，且电价大多高于 0.8 元/度，储能调峰将有助于电网稳定和用户用电的成本下降。这四大省 2019 年工业用电量分别为 3437.46 亿 kW·h、3873.35 亿 kW·h、2652.53 亿 kW·h、1132.8 亿 kW·h，合计超过 10000 亿 kW·h，若按 10%

配套储能，将对应约 4500 亿元规模的储能市场。

储能电站的容量配置为几兆瓦到几十兆瓦，可与光伏电站、风电场、小水电站等配套建设，将间歇性的可再生能源储存起来，在用电高峰期释放，缓解当前的弃风、弃光、弃水、限电困局。

11.3 储能产业的应用范围

随着电信网络的大幅度发展和覆盖，电信固定资产投资规模增速明显上升，在 5G 建设的带动下将继续保持平稳增长。按一般通信基站的配置要求，后备电源需求大约占总投资的 2%~3%，由于储能系统不受外界电网、燃料供应等条件的限制，对于电网出现突发情况，如冰灾造成的断网等，储能系统将提供十分可靠的不间断电源服务。

同时，受互联网和云计算技术的发展，过去 8 年中国 IDC(Internet Data Center，互联网数据中心)市场复合增长率达到了 42.3%，明显拉动了 UPS(Uninterruptible Power System，不间断电源)的需求。2019 年国内 UPS 销售额为 47.6 亿元，若"十四五"期间按 10%的复合增速，预计 UPS 整体市场规模将达到 300 亿元。2018—2020 年交通基础设施重大工程投入约 3.6 万亿元，其电源设备需求也将有 200~300 亿元市场规模。

由于沙漠、山区、海岛地区主要利用柴油发电机作为主要电源，柴油供应则增加了交通运输的费用和压力，而且在重视旅游的海岛地区，柴油发电机会产生大量的污染和噪音，严重破坏了海岛脆弱的生态环境。此外，使用单一柴油发电机的系统供电可靠性较低，经常出现供电短视甚至长时间中断的情况，给当地居民的生产、生活造成极大地不便。但是这些地区大多处于风能、太阳能、海洋能等可再生能源丰富的区域，开发并利用可再生能源及清洁储能设备可以有效缓解这些地区电力供应短缺的问题。

11.4　空气动力储存系统的技术原理

空气动力存储发电系统就是一种基于压缩空气储能技术的高效储能系统，其原理是将压缩空气与空气膨胀机组结合，驱动发电机组发电。在储能时，用电能驱动压缩机将空气压缩并存于储气容器内；在释能时，高压空气从储气室释放，驱动空气膨胀机组带动发电机组运转发电，如图 1-11-1 所示。

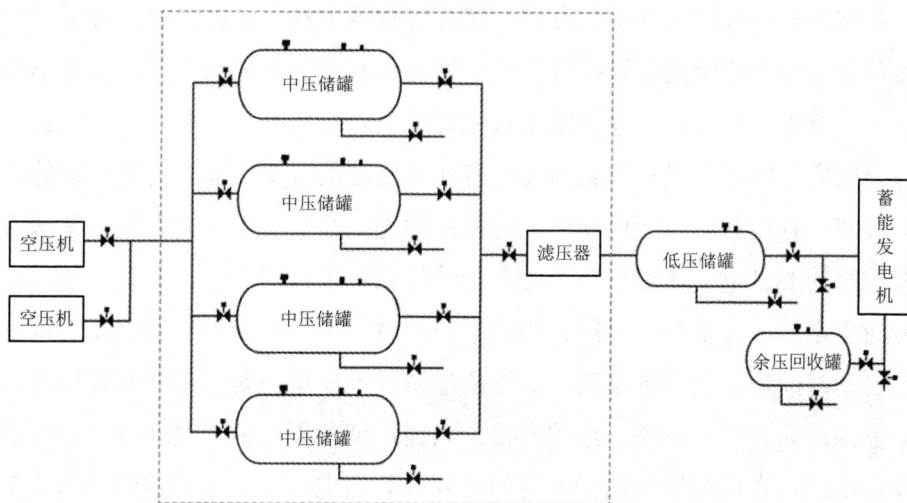

图 1-11-1　空气动力存储发电系统原理图(200 kW)

空气动力存储发电系统关键技术包括高效压缩机技术、膨胀机技术、储热技术、储气技术和系统集成与控制技术等。压缩机和膨胀机是空气动力存储发电系统核心部件，其性能对整个系统的性能具有决定性影响。尽管空气动力存储发电系统与燃气轮机类似，但空气动力存储发电系统的空气压力比燃气轮机高得多。因此，大型空气动力存储发电系统电站的压缩机常采用轴流与离心压缩机组成多级压缩、级间和级后冷却的结构形式；

膨胀机常采用多级膨胀加中间再热的结构形式。同时，空气动力存储发电系统通过采用热回收技术，收集并存储在储能时压缩过程中所产生的压缩热，待系统释能时加热进入透平的高压空气。空气动力存储发电系统不需要燃料对释能过程进行辅助，实现了有害气体零排放，同时还可以利用压缩热和透平的低温排气对外采暖和供冷，进而实现冷热电三联供和能量的综合利用，系统综合效率较高。

　　除了将富余的电能储存再利用，实现常规的"削峰填谷"之外，空气动力存储发电系统技术还特别适用于解决风力发电和太阳能发电的随机性、间隙性和波动性等问题，可以实现其发电的平滑输出。而随着空气动力存储发电系统技术的不断发展，其应用领域也在不断地扩展，特别是伴随着空气动力存储发电系统装置的小型化，其在城市内的应用前景也不断扩大。首先，空气动力存储发电系统装置可以作为楼宇大厦的应急电源。传统的应急电源一般采用柴油发电机或蓄电池的方式。前者需要一定的启动时间，且设备容易老化损坏、可维护性差；而后者的容量有限，无法实现长时间的供电。随着空气动力存储发电系统装置的小型化发展，使其作为应急电源成为了一种可能。相对于前两者，空气动力存储发电系统装置的启动时间短、能量密度高，能够快速持续地供电，是一种非常有效的应急电源。而且其寿命长、维护方便，只需定期检测压缩空气储量是否能够满足要求，在压缩空气储量不足的时候，利用电网低谷时期的电力驱动空气压缩机适当进行补充即可。其次，随着技术的发展，单个空气动力存储发电系统装置的容量进一步扩大，其作为分布式电源的前景也更加明朗。最后，由于空气在压缩与膨胀的过程中总是伴随着热量的释放与吸收，因此在未来的建筑中可以通过一个空气动力存储发电系统装置来同时实现供电和调节温度的功能，从另一个渠道来实现零排放的绿色建筑。

　　空气动力存储发电系统也是天然气分布式能源的重要组成部分。天然气分布式能源(冷热电三联供)是一种能够同时生产电力和(冷)热能的联合应用系统，该系统通过能源的梯级利用，使能源利用效率从常规发电系统的 40%左右提高到 75%以上。冷热电三联供在运行过程中也会因冷热电不平衡而导致电力过剩以及市电断电而无法启动燃气轮发电机组的情况。空气动力存储发电系统可作为冷热电三联供谷值储电、峰值释电的储能装置，并可作为市电断电时燃气轮发电机组的启动电源。

11.5 空气动力储存发电系统的发展前景

空气动力存储发电系统作为国家支持研究及产业发展的重点项目，其优势明显，具有非常广阔的前景。首先，能有效解决风电存在的问题。风电最大的问题就是发电具有不稳定性，因此需要风电协同控制储能系统，而我国是世界上风电装机容量最多的国家，如果能通过空气动力存储发电系统充分提高风电利用率，其经济效益非常巨大。其次，空气动力存储发电系统装置使用寿命长，一座空气动力存储发电系统发电站建成后可用30～40 年，并且造价与一座同等功率的水电站相当。与水电站易受地理条件影响不同，空气动力存储发电系统装置几乎可以在任何需要的地方建造。最后，由于空气动力存储发电系统使用的原料是空气，因此不会产生有毒有害气体，是真正的零污染。

根据我国现阶段储能领域发展和未来需求情况来看，未来我国储能领域需求将主要集中在可再生能源并网和分布式发电及微网两大领域。2020年我国储能装机规模达到 14.5～24.2 GW。其中，可再生能源并网装机为5.4～9.0 GW、分布式发电及微网储能为 8.0～13.5 GW、调频辅助储能需求为 1.0～1.2 GW、延缓输配扩容储能需求为 0.1～0.5 GW。2020 年的储能装机规模如图 1-11-2 所示。

空气动力存储发电系统通过压缩空气储存多余的电能，在需要时，将高压空气释放，通过膨胀机做功发电。它是一项能够实现大规模和长时间电能存储的成熟储能技术，是目前大规模储能技术的研发热点。

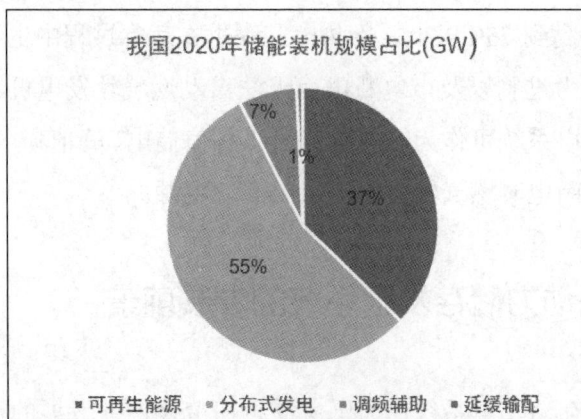

图 1-11-2 储能装机规模分析

空气动力存储发电系统储能具有容量大、效率高、成本低、寿命长的特点，系统运行过程中零碳排放，可以显著减少大规模弃风、弃光问题，提升新能源消纳能力；其与供冷供热相结合可形成冷热电三联供，构成高效的储能系统。同时，可为实现智能微电网和智能微电网群优化运行提供强大灵活的调节能力和手段。此外，空气动力存储发电系统储能作为一种理想的大规模储能手段，实现了储能过程中的发电、供冷、供热相耦合，进而将智能微电网提升至智能微能源网的层次，提高了能量的综合利用效率，未来将具有广阔的应用前景。

11.6 空气动力储存发电系统推进碳中和目标的实现

"十四五"期间，储能项目将广泛应用，形成较为完整的产业体系，成为能源领域经济新的增长点。全面掌握具有国际领先水平的储能关键技术和核心装备，部分储能技术装备引领国际发展，形成较为完善的技术和标准体系并拥有国际话语权。基于电力与能源市场的多种储能商业模式蓬勃发展，形成一批有国际竞争力的市场主体。

在当前碳达峰、碳中和大背景下，将进一步加强清洁能源的发展，储能产业将迎来重要的发展机遇。开发能量密度更高、循环寿命更长、系统成本更低、安全性能更好的储能技术已经成为国家研究支持计划的一个重要方向。高效的储能系统，是解决弃风、弃光、电力削峰填谷、能源安全重要的环节，在推动储能产业规模化发展、能源变革和能源互联网发展中起了重要作用。

CHAPTER TWELVE
第十二章

光储热泵在高寒高海拔地区的应用

西藏是我国太阳能和地热能最丰富的地区之一，地热能蕴藏量居我国首位。近年来，在国家大力支持下，西藏清洁能源应用领域不断加大，能源结构不断优化，特别是太阳能、地热能消费比重不断提升，以太阳能、地热能为主的清洁采暖应用比例得到显著提高。未来，太阳能与地热能耦合应用将是高寒高海拔地区清洁采暖的"不二"选择。

12.1　西藏地区清洁采暖技术应用前景

西藏高原气候条件严苛、冬季漫长、常规能源匮乏、供给困难，清洁采暖与生态环境协调发展挑战极大。然而，该地区太阳能和地热能资源极为丰富，全区大部分地区太阳能辐射年均达 $6000 \sim 8000 \ MJ/m^2$，年平均日照时数在 $3300 \sim 3600$ 小时，地热能总量折合成标准煤总量为 300 万吨/年，地热总量达 66×10^5 万千卡/秒(1 千卡/秒=4.1888 W)，是最具有条件开展可再生能源清洁采暖的地区之一。

随着国家对西藏地区经济投入的不断提高以及人民生活水平的稳步提升，该地区 2004 年被纳入采暖地区，但出于保护其特殊的人文自然景观以及西藏地区的特殊能源结构，目前广泛应用的采暖方式主要有燃气锅炉、燃气壁挂炉、燃油锅炉、电锅炉、电暖气、地下水源热泵、地源热泵、太阳能、空气源热泵等集中或分散式采暖形式。采暖技术、热效率、运营成本、稳定性、初始投资等均受到高原、低气压、缺氧环境不同程度的影响。特别是燃气锅炉、燃油锅炉在低气压、缺氧条件下热效率相对较低；电锅炉运行成本过高；空气源热泵受室外环境温度的影响效率低，且低温状态下间歇性启停；地下水源热泵受回灌和水温波动的影响；太阳能受过热冻害的影响。这些采暖方式的缺陷使得当前采暖系统故障频发、供热能效低、室内舒适性差、供需矛盾突出。

《中共西藏自治区委员会关于制定国民经济和社会发展"十四五"规

划和二〇三五年远景目标的建议》(以下简称《建议》)文件指出，"加快清洁能源规模化开发，形成以清洁能源为主，油气和其他新能源互补的综合能源体系，科学开发光伏、地热、风电、光热等新能源，加快推进'光伏＋储能'研究和试点，大力推动'水风光互补'，推动清洁能源和电气化开发利用走在全国前列"。按照《建议》要求，利用地热能、太阳能、风能等可再生能源技术，以集热、蓄热、辅热、换热、余热资源化利用等技术手段，建立以太阳能光热为主、地热为辅的"光热+储能"的光储热泵清洁采暖系统，其社会、经济和生态效益良好，符合环境—能源—经济协同的发展理念。

12.2　光储热泵采暖技术原理及系统特征

　　光储热泵采暖系统立足自然资源禀赋，充分利用太阳能资源和储热技术。在夏季，将土壤作为蓄热体，跨季节时长期储存太阳能，其原理图如图 1-12-1 所示。在冬季，太阳能在富余时段时将热量储存在容积水箱，结合热泵机组提供稳定的热源，其开发利用几乎不产生二次污染。

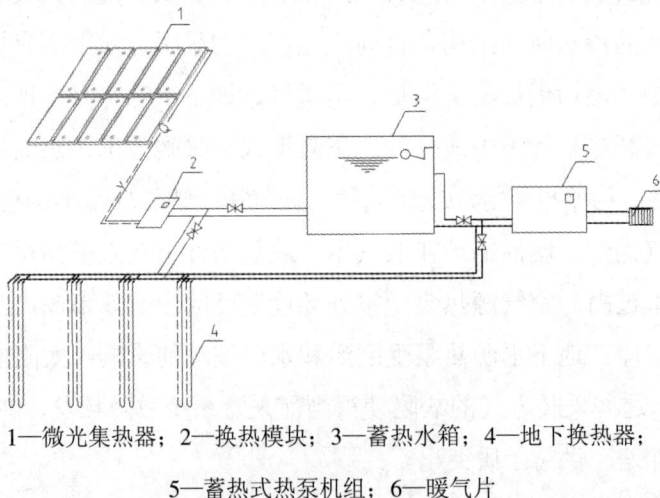

1—微光集热器；2—换热模块；3—蓄热水箱；4—地下换热器；

5—蓄热式热泵机组；6—暖气片

图 1-12-1　光储热泵采暖系统原理图

光储热泵采暖系统以微光集热器为热源，通过换热模块将热量与土壤或蓄热水箱的介质进行热交换，使土壤和蓄热水箱温度升高，满足热泵机组热源使用要求，使热泵机组高效、稳定运行。微光集热器采用中压设计，最低运行压力为 1.6 MPa，能够避免设备受高原低气压的影响，降低了换热效率。微光集热器与换热模块间采用铜管连接，介质为特殊液体，可避免极端条件下微光集热器冻裂的风险。热泵机组采用一体化设计，内置水力模块、定压模块、防冻模块、通信控制模块以及制热模块，设备集成度高、安装简单、可快速布置。室内末端采用暖气片，设计供回水温度为 70℃/55℃，符合室内采暖技术要求。

由于光储热泵采暖系统具有储热成本低、储热容量大、梯级利用等特点，因而适用于 –40℃ 环境温度。该系统的能效比(COP)达到 3.0～5.0。系统搭载通信控制模块，并接入智慧管控平台；具有远程管理、监测、故障预警、数据收集、分析、存储、维护提示等功能；数据实现多重加密，具有应用安全双重保障。同时，由于光储热泵采暖系统是利用太阳能光热作为热源的，经过对能源热值与设备效率、系统能效的分析，光储热泵采暖系统能效是传统采暖系统的 3 倍以上，且无污染、无排放。

12.3　几种采暖形式技术性能及经济对比分析

不同采暖类型的技术性能参数如表 1-12-1 所示，热源初期投资对比分析如表 1-12-2 所示，热源运行费用对比分析如表 1-12-3 所示。

热泵系统制热性能测试结果按下列公式计算：

$$\text{COP}_{sys} = \frac{Q_{SH}}{\sum_{i=1}^{n} N_i + \sum_{j=1}^{n} N_j}$$

式中：COP_{sys}——热泵系统性能系数；

Q_{SH}——系统测试期间累计制热量；

$\sum\limits_{i=1}^{n} N_i$——系统测试期间所有热泵机组累计消耗电量(kW·h)；

$\sum\limits_{j=1}^{n} N_j$——系统测试期间所有水泵累计消耗电量(kW·h)。

表 1-12-1　技术性能参数

采暖类型	能源热值 kcal/(kW·h)	设备效率(%)	系统能效(COP)
光储热泵采暖系统	860		3.0～5.0
电锅炉采暖系统	860	98	
燃油锅炉采暖系统	10 200	90	
燃煤锅炉采暖系统	5000	70	
燃气锅炉采暖系统	8000	80	

注：能源热值参考文献《工业锅炉能效限定值及能效等级》(GB24500—2009)、综合能耗计算通则》(GBT2589—2008)相关技术要求，对海拔超过 3000 m 以上的地区需要对设备效率进行修正。系统能效(COP)是调研拉萨、山南、日喀则等类似项目并收集近 2 年的运行数据，按照下列公式计算所得。

表 1-12-2　几种热源初期投资对比分析　　　　元

采暖类型	配套电力	主要设备	辅助设施	安装工程	单方造价
电锅炉采暖系统	45	30	50	60	185
燃油锅炉采暖系统	10	30	220	60	320
燃气锅炉采暖系统	10	50	150	60	270
燃煤锅炉采暖系统	10	25	120	60	215
光储热泵采暖系统	20	210	80	60	370

注：初始投资对比分析以拉萨市 10 000 m² 建筑面积、采暖负荷 80 W/m² 为计算依据。

表 1-12-3 几种热源运行费用对比分析

采暖类型	能源单价/元	日当量采暖时间/h	单位面积采暖费/元
电锅炉采暖系统	0.71	12	21.75
燃油锅炉采暖系统	7.18	12	19.37
燃气锅炉采暖系统	4.46	12	16.44
燃煤锅炉采暖系统	1.2	12	8.49
光储热泵采暖系统	0.71	12	6.52

注：运行费用是指系统运行直接费用(不包含人工、设备折旧、维修费)。能源价格按照拉萨市现行能源公布价格执行，其中：电价、燃气价按拉萨 2019 年 2 月公布的商业价格执行，柴油单价按照 2020 年 1 月公布的价格执行，原煤按照市场价执行。当量时间是指平均每天满负荷运行时间。

根据 2019 年市场价格对几种采暖形式初期投资及运行费用进行分析对比，光储热泵采暖系统初期投资高于其他采暖形式，但运行成本低于其他采暖形式，全寿命周期内节约运行成本 60% 以上，减少二氧化碳等有害物质排放 70% 以上，具有较好的经济效益和社会效益。

通过上述技术经济分析对比，光储热泵采暖技术综合利用太阳能与储热技术，并结合热泵采暖，是一项非常节能的采暖方式，系统不受环境温度的影响，采暖的稳定性、经济性、安全性、可靠性都优于其他几种采暖形式，可广泛应用于高寒高海拔地区清洁采暖系统。

CHAPTER THIRTEEN
第十三章

动态控制模型在智慧能源控制系统中的应用

　　智慧能源管控系统由控制系统、计费系统、运维管理系统组成，可对能源系统进行运行控制、运维管理、能源交易、能源共享，使能源从生产到消费全过程无人值守智慧运行，确保系统安全性、可靠性及经济性。智慧能源控制系统具有数据采集、数据存储、数据分析、智能管理、实时监控、可视化管理、能效分析等功能，通过对来自各能源的数据进行统一分析比较，为规划发展方向提供数据支持，并达到节能减排的目的。动态控制模型在智慧能源控制系统应用中至关重要，可促使能源在规划、控制、运行等方面高度融合，进而推动能源结构的优化。

13.1　动态控制模型概述

　　动态控制模型是一种新型的计算模型，结合现代计算机技术、网络通信技术、分布式控制技术与大数据分析技术，以服务接口的方式为区域能源中心提供有效管理服务。以大数据分析为中心，联合分布式能源、电网、供热、空气储能系统与风力、光伏发电等供能方，结合用户需求方在不同时期对不同能源需求进行智能管理，具有可靠性和安全性、超大数据存储处理性、灵活的可维护性、可扩展性以及资源利用效率高等优势。该模型充分利用网络计算资源，实现可靠的能源数据采集、存储和分析，在此基础上建立完善的能耗监测、管理体系，来实现智慧能源消耗动态过程的信息化、可视化、可控化，对能源消耗的结构、过程及要素进行智能管理，进一步提高区域能源使用效率。

13.2　动态控制模型分类

　　控制模型主要包括静态控制模型与动态控制模型两种。其中，静态控制模型是利用能源集线器模型来反映能量系统间的静态转换和存储环节，最早由瑞士苏黎世联邦理工学院的研究团队提出。该模型是综合能源系统控制模型的一次有益尝试，研究成果已用于含有冷、热、电、气系统的耦合管理，并被广泛应用于综合能源系统的规划、分布式能源系统管理、需求管理控制、智慧能源系统运行调度等各类综合能源系统。动态控制模型是智慧能源系统在地理分布上与功能实现的具体体现，是能源耦合与集成机理多能互济、能源梯级利用实现的关键；静态控制模型仅仅反映了能源在传输和转换环节的静态关系，无法描述智慧能源系统内复杂多样的动态行为，因此常常采用动态控制模型。动态控制模型一般包括动态能源集线器和动态能源连接器模型。动态能源集线器模型是在传统集线器模型的基础上，考虑能量转换机组的动态特性。而动态能源连接器模型则是描述了电能、液态工质或气态燃料输送环节的静态特征和动态变化规律的模型，包括两端传递环节和协调反馈环节，能对多个能源输送环节进行统一和协调控制，更能有效地反映综合能源系统内部的复杂多变关系。因此，在智慧能源控制管理上大都选择动态控制模型，实现能源管理与控制。

使用动态控制模型的目的是对目标区域内可利用的能源和设备进行优化组合配置，以构建最优的多能互补的能源系统。这些能源包括传统能源(电网电能、气网燃气等)和可再生能源(太阳能、风能、生物质能等)，技术包括区域集中能源技术(如区域供冷供热系统、区域冷热电联供系统等)和分散式能源技术(如分体式空气源热泵等)。目标函数可以为经济性最优、能耗最低，也可以为二氧化碳排放量最小。在给定一个低碳示范区域中，根据土地利用规划图确定其各种类型建筑布局；根据当地资源确定其可利用的能源品种和技术种类；参考负荷指标或者根据能耗模拟软件进行负荷预测，得到其冷、热、电和生活热水需求，这样就可以利用这个模型得到不同能源和不同技术的灵活组合及控制方式，它们可以在目标函数最优的约束下满足负荷需求，同时预知能源需求，设备性能、热源侧物理状况、负荷点等参数，获取最佳的运行策略和最高效的运行状态。

13.3　动态控制模型在智慧能源系统中的应用

　　智慧能源系统供给侧包括风能、光能、生物质能在内的多种可再生能源以及传统化石能源，而需求侧资源不仅包括普通的电负荷、冷负荷和热负荷，还包括需求响应负荷、储能负荷、蓄热负荷等在内的可调节负荷。动态控制模块将能源供给侧所产的电能、热能数据进一步存储、转换、管理和协调。在满足需求侧多样化能源需求的同时，系统可借助能源管理器、智慧云平台与配网、供热网、供给侧、能源转换侧进行信息输送、传递和大数据分析，实现对多种能源的整体最优配置和局部调度。因此，对整个系统的智能控制与最优配置及其重要，直接影响着能源的利用效率与经济效益。

　　动态控制模型可通过全网的交互与协调达到系统整体优化的目标，最终实现全局优化与局部自治的协同，提高诸如能源互联网的优化与控制的效率。同时，对用户侧负荷进行预测、协调优化调度，并通过设置联络线功率偏差观测器实时修正运行状态，使用柔性直流技术和一致性通信等技术来实现多种能源的精确控制，可显著提高可再生能源利用深度和能源效率。

　　随着能源市场的日趋完善和通信、计量设施的普遍应用，需求侧跨区域参与带来的协同优化成为区域综合能源运行过程中不可忽视的重要因素。对于智慧能源跨区域协同优化、政策、市场、气象、能源价格等重要信息，构建基于数据分析的运行场景。在各场景下，通过冷热电负荷需求、确定负荷和可调潜力分析，计算用能需求的时空分布，据此确定规划策略，充分发挥需求响应与储能设备的综合调节潜力，促进分布式可再生能源消纳，实现供需双侧的高度耦合。

　　动态控制模型以运行成本最低、综合效益最大化为目标，考虑系统能量与容量平衡、差异化供电可靠性、可再生能源占比、综合能效等要求，运行过程中重点解决能源耦合节点设备的配置，实现热源侧资源的有效配置。动态控制模型运行控制原则主要包括合理选择热源侧输入源最佳途径、负荷侧负荷需求、能源设备效率、储能削峰等，充分利用电力、天然气、供(冷)热系统多能互补特性，提高系统协同效益。

为缓解环境污染，提高多能使用效率，智慧能源系统已成为我国能源结构调整的重要方向。在该结构下，传统以热力系统、电力系统为对象的能量流计算方法难以满足对互相耦合能量流计算的需求。因此，动态模型适用于含电、热、气的扩展性综合能源系统，建立系统中电力、热力和天然气网络的控制模型，针对模型的繁冗性问题与不同的控制方式，构建安全、高效、清洁的区域综合能源管理系统，实现能源优化管理。

下 篇

案 例

CASE ONE

案例一

某大型医院智慧能源系统

1. 项目概况

某大型三甲综合医院建设项目投资 30 亿元，建设工期为 3.5 年，占地面积 464 亩，一期用地 360 亩，总建筑面积 38 万 m^2，其中地上建筑面积 26 万 m^2，地下建筑面积 12 万 m^2。医院内设门诊急诊综合楼、医技部、住院部、行政综合楼、会议中心等。设计床位数 2000 张，医院总体定位为绿色、环保、智慧的现代化综合性医院(见图 2-1-1)。夏季空调冷负荷为 35541 kW，冬季空调热负荷为 19 484 kW，冬季空调冷负荷为 7452 kW(局部供冷)，生活热水负荷为 5400 kW、蒸汽量为 4 t/h。

图 2-1-1　现代化综合医院鸟瞰图

2. 技术形式

医院所在地地表水资源丰富，常年平均水温 22℃，具有水源热泵系统应用条件。经充分论证分析，医院集中供能系统采用"物联网智慧型水源热泵机组 + 物联网智慧型磁悬浮冷水机组 + 燃气补热 + 脂肪酸储热 + 智慧管控"等技术形式构建多能互补智慧能源系统，为医院 38 万 m^2 的建筑提供制冷、制热、生活热水以及蒸汽等综合能源需求。

3. 系统配置

系统配置：5 台物联网水源热泵机组(见图 2-1-2)、4 台物联网磁悬浮冷水机组(图 2-1-3)、9 台方形横流式冷却塔(备用)、3 台燃气真空热水锅炉(备用)、2 台燃气(油)真空热水锅炉(单台制热量 2800 kW)、4 台蒸汽锅炉(单台蒸汽量 2 t/h)。

图 2-1-2　物联网水源热泵机组

图 2-1-3　物联网磁悬浮冷水机组

4. 运行策略

夏季，物联网磁悬浮冷水机组与物联网水源热泵机组联合应用可以提供医院所需制冷负荷。当夏季河水水量充足时，物联网水源热泵机组和物联网磁悬浮冷水机组优先采用河水散热；河水水量不足时，物联网水源热泵机组和物联网磁悬浮冷水机组由冷却塔进行排热。河水与冷却塔二者间互为补充、互为备用。

冬季，物联网水源热泵机组吸收河水的热量，向建筑提供热源，当河水水温低于设计温度或者河道水量低于设计水量时，燃气锅炉作为补充热源正常供暖。夏季内区供冷优先采用河水板换间接换热供冷，当夏季河水温度较高不能间接换热供冷时，可开启物联网磁悬浮冷水机组为内区提供冷量。

5. 物联网控制技术

系统采用物联网控制技术，实现物联网磁悬浮冷水机组、物联网水源热泵机组、输配循环系统智能化控制，改变并优化物联网磁悬浮冷水机组、物联网水源热泵机组、循环水泵的运行曲线，最大限度降低能耗，提高能源利用效率，延长机组使用寿命。机组配置动态控制模块和数据存储器，通过采集压力、温度、湿度、电流、电压、过载、电功率等数据，设定专用 ID 协议，直接对负荷侧循环水泵、热源侧循环水泵、电动控制阀、终端空调机组、室内温度、湿度等进行信息交换和通信，以实现系统智能化控制、识别、跟踪、监控和管理(如图 2-1-4 所示)。该机组具有能效高、运行稳定、适配性强、控制精度高等特点，且不需要设置专有控制机房。

6. 经济效益

多能互补智慧能源系统，相较于传统中央空调系统(冷水机组+燃气锅炉)，初期需增加投资 1890.46 万元，全年运行可节省费用 616.52 万元，投资及运行费用对比如图 2-1-5 所示。全寿命周期内多能互补智慧能源系统费效比 0.47 元/(kW·h)，常规空调系统费效比 0.60 元/(kW·h)，在同等边界条件下，多能互补智慧能源系统节能率为 21.7%。

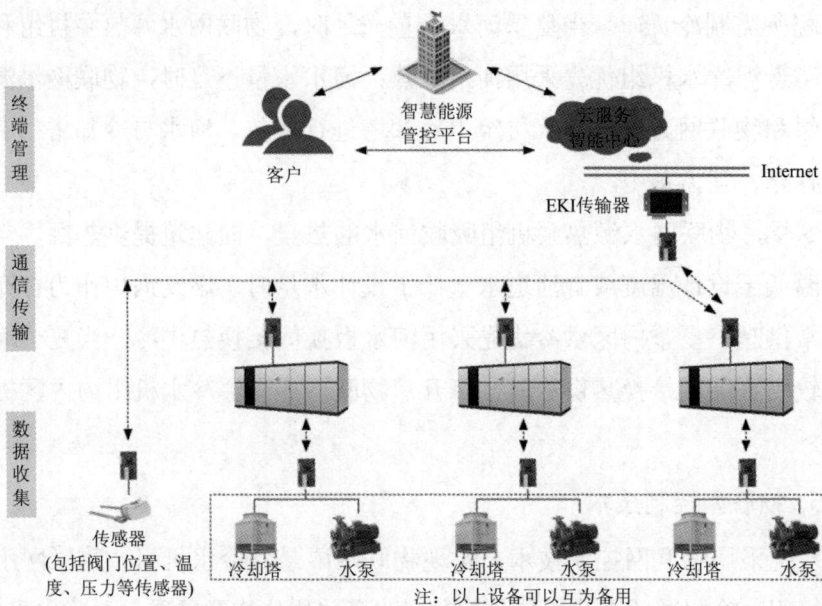

客户　智慧能源管控平台　云服务智能中心　Internet

EKI传输器

传感器
(包括阀门位置、温度、压力等传感器)

冷却塔　水泵　冷却塔　水泵　冷却塔　水泵

注：以上设备可以互为备用

图 2-1-4　智慧控制网络

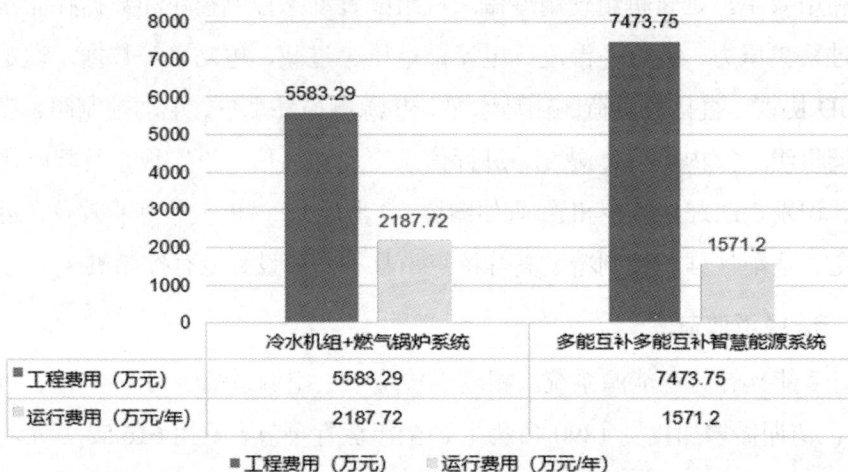

图 2-1-5　智慧能源系统与常规空调系统投资及运行费用对比图

	冷水机组+燃气锅炉系统	多能互补多能互补智慧能源系统
工程费用（万元）	5583.29	7473.75
运行费用（万元/年）	2187.72	1571.2

■工程费用（万元）　□运行费用（万元/年）

7. 社会效益

相较于传统中央空调系统(冷水机组+燃气锅炉)，多能互补智慧能源系统节省标煤 1831.70 吨/年，减少 SO_2 排放 157 吨/年，减少 NO_2 排放 78.5 吨/年，减少 TSP 排放 1.42 吨/年，减少 CO_2 排放 4814.75 吨/年，节约城市自来水 213 515.34 吨/年，环境效益显著。

CASE TWO

案例二

某城市综合体智慧能源系统

1. 项目概况

某智慧能源中心位于贵州省某新区黔中大道中段，东临某新区大道，紧邻花溪大学城。能源中心规划服务面积 100 万 m^2，其中云谷城市综合体 80 万 m^2，泰豪 e 时代供能面积 20 万 m^2，区域位置图如图 2-2-1 所示。

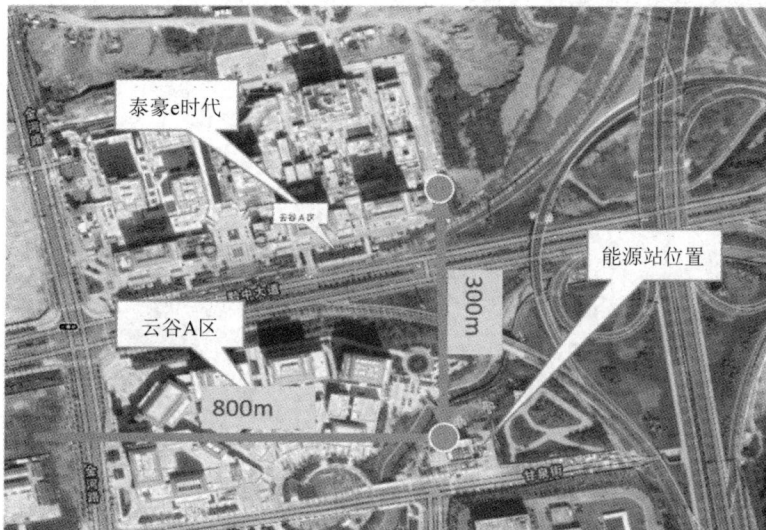

图 2-2-1　能源中心区域位置图

2. 技术形式

智慧能源中心采用天然气分布式能源(冷、热、电三联供)+可再生能源(水源热泵、太阳能光热)+空气压缩储能+智慧能源管控等技术形式构建多能互补分布式智慧能源系统，满足云谷城市综合体、泰豪 e 时代共约 100 万 m^2 的建筑供能(制冷、制热、生活热水及备用电源)需求。

智慧能源中心采用"1+3"综合能源概念体系，即 1 种清洁能源+3 种可再生能源，以天然气分布式能源为辅、可再生能源为主，以先进电子技术和信息技术实现多能协同供应和能源综合梯级利用的实施路径，使之达到提升综合体能源综合利用效率和清洁能源占比的目的。系统清洁能源(天然气)供能占比约 46%，可再生能源供能占比约 54%。

3. 能源站建设规模

　　智慧能源中心建设用地面积为 3836.36 m^2，总建筑面积为 3662.11 m^2，地下建筑面积为 2328.05 m^2，地上建筑面积为 1334.06 m^2。能源站共 4 层，地下两层、地上两层；地下二层设置水源热泵机组及相关配套设备，地下一层设置燃气发电机组、吸收式溴化锂机组等设备，地上一层为控制室、变配电室，地上二层为管理用房。能源中心实景如图 2-2-2、图 2-2-3、图 2-2-4 所示。

图 2-2-2　能源中心实景一

图 2-2-3　能源中心实景二

图 2-2-4 能源中心实景三

4. 能源中心自然资源条件

智慧能源中心紧邻滨河水景区域，滨河水域面积为 14 189 m^2，平均库容量为 118 640 m^3，常水位标高为 1223.50 m，与河底高差 4～6 m，河面宽度 20～30 m，河道整治剖面图如图 2-2-5 所示。河水水量充沛，温度适宜，与能源中心所在的地块高差在 5 m 以内，取水能耗较低，可作为能源中心水源热泵机组的冷热源。

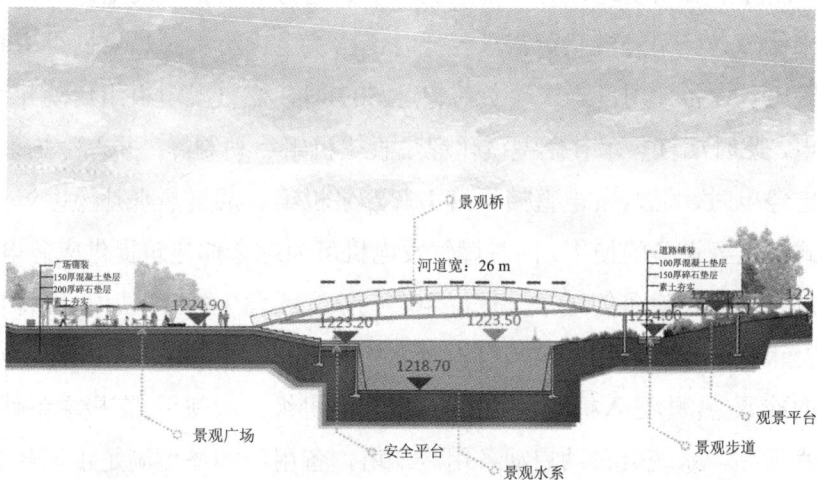

图 2-2-5 河道整治剖面图

5. 能源中心主要设备配置

能源中心主要设备配置如表 2-2-1 所示。

表 2-2-1　主要设备配置表　　　　　　　单位：kW

项　目	发电功率	制冷负荷	制热负荷	热水负荷
能源站设计总冷热负荷	—	15 000	13 000	1390
燃气发电机	3000	—	—	—
烟气热水型吸收式机组	—	4625	3582	—
水源热泵机组	—	8187.4	7930	—
烟气直燃机组(调峰)	—	2326	1791	—
燃气锅炉	—	—	—	1400
太阳能光热	—	—	—	60
小　计	3000	15 165.4	13 303.9	1460

6. 能源中心系统运行策略

当能源中心系统运行时，智慧能源中心电力可由燃气发电机组和市电共同来保障。当用户端负荷需求较低时，由市电供给水源热泵机组、循环水泵等用电设备使用；当末端负荷超过 50%时，燃气发电机组启动并切换为市电，此时烟气热水补燃型溴化锂吸收式机组启动制冷，并入冷热系统；当市电停电时，燃气发电直接供给水源热泵机组、烟气热水补燃型溴化锂吸收式机组等设备的使用，同时燃气发电机可为综合体建筑提供应急电源，保障部分设施、设备的正常运行；当燃气停气或发生故障时，系统将自动切换至市电，直接启动水源热泵机组及相关配套设备，河水作为水源热泵机组的冷源(热源)进入机组换热后,进入直燃机组二次使用。在极端条件下，如河水干枯，系统会自动启动备用冷却塔，备用冷却塔可满足水源热泵机组和直燃机组同时使用。反之，当冬季出现极端条件时，如水源热泵不能正常工作，则可切换热水锅炉(平时为生活热水的补充)补充热源。能源站三联供系统运行过程中若出现热电失衡，多余的电量可通过压缩空气储能系统存储电能，可以避免造成能源的浪费。空气压缩储能系统同时兼备燃气发电机组的启动电源。

7. 能源中心投资模式及经济效益

该项目采用BOO(Building-Owning-Operation，建设—拥有—经营)模式，投资收益期为20年，总投资为16 166.26万元。其中，工程费用为13 608.15万元，工程建设其他费用为1365.35万元，预备费为748.67万元，流动资金为88.49万元，建设期利息为355.60万元。运营期年均销售收入为3083.40万元/年，年均总成本为1699.23万元/年(包括经营成本、利息支出、折旧费及摊销费)，年均营业税及附加税为32.96万元/年，年均增值税为203.03万元/年，年均所得税为172.23万元/年，年均净利润额为975.95万元(税后)。项目税前财务内部收益率为12.46%，税后财务内部收益率为10.86%，税前财务净现值(当ic＝8%时)为4982.41万元，税后财务净现值(当ic＝8%时)为3149.14万元，静态总投资收益率为8.20%；税前投资回收期8.18年，税后投资回收期为8.97年(含建设期)。该项目投资及运行费用分析对比如图2-2-6所示。

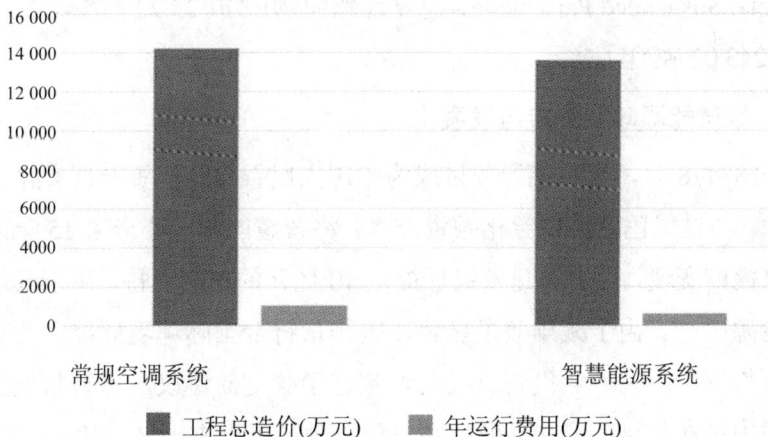

图2-2-6　投资及运行费用分析对比

能源中心全年总运行费用为 621.14 万元(燃料及动力费)。其中,年用电量为 772.9 万 kW·h,年用气量为 24.8 万 m³,年用水量为 474 吨,如图 2-2-7 所示。

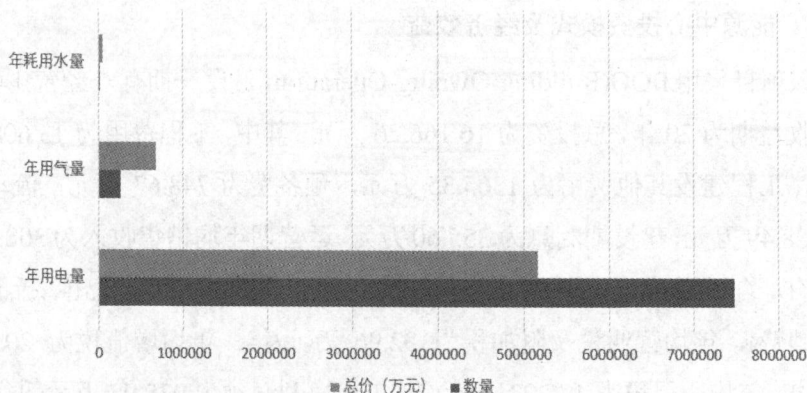

图 2-2-7   能源运行费用

8. 社会效益

智慧能源系统与常规系统相比,可节省初期投资 585.05 万元,年运行节省费用 420.72 万元/年,碳排放权收益约为 49.94 万元/年。每年可节省标煤 2270.19 吨/年,减少 SO_2 排放 50.45 吨/年,减少 NO_2 排放 16.33 吨/年,减少 TSP(Total Suspended Particulate,总悬浮颗粒物)排放 25.22 吨/年,减少 CO_2 排放 6243.02 吨/年。

9. 智慧能源政策支持与发展

2018 年 8 月,智慧能源项目成为中国人民银行绿色资产证券化首批试点案例,通过绿色资产证券化融资方式,将智慧能源中心未来 15 年的能源收益权提前变现,由中国建设银行提供 10 亿元的信贷支持,用于滚动开发其他能源中心。由于减排效果显著,碳排量符合国际环境标准,北京环境交易所与该新区某产业投资有限公司签订了碳交易协议,将智慧能源中心的碳减排量在北京环境交易所挂牌出售,预计可带来上亿元的收益。

智慧能源中心是结合新区"高端化、绿色化、集约化"的发展战略,在新区首次提出能源综合利用的思路。通过建设多种能源协同综合应用、采用局域物联网将设备与设备之间以信息化技术连接，使之形成微网控制系统，实现能源信息化、可视化、数字化和协同应用的目标。该系统通过运行数据的收集分析、智能算法、深度学习功能的不断加强，系统形成自适应、自动优化运行策略、自动控制、事故报警和运维提示等功能，同时还建立了能源生产数据库和能源消费数据库，以提升系统的增值服务。

某职教城智慧能源系统

1. 项目概况

某市多能互补智慧能源站项目地址位于以教育科研为功能核心的新兴功能片区——川硐教育园区，该地交通条件优越，配套设施完善。

多能互补智慧能源站规划总建筑面积为 28 591.87 m²。其中，调度中心建筑面积为 7770.61 m²，服务中心建筑面积为 1752.07 m²，控制展示中心建筑面积为 3286.30 m²，空中连廊建筑面积为 400.81 m²，地面疏散楼梯建筑面积为 164.51 m²，地下设备用房和车库建筑面积为 15 217.57 m²。能源站设备主要分布在地下一层，电机房设置面积不小于机房面积 10%的泄爆口，地下二层为车库。智慧能源站效果图如图 2-3-1 所示。

图 2-3-1　智慧能源站效果图

2. 技术形式

智慧能源系统采用太阳能光热＋天然气、冷、热电三联供＋风力发电、热源塔系统＋空气压缩储能和蓄能系统＋智能微网等集成技术构建多能互补分布式智慧能源系统，该系统为职教城内 5 所学校和 1 所大型三甲医院提供区域集中供冷、供热及生活热水，总建筑面积为 862 945.4 m²。

3. 系统配置

智慧能源系统由 3 台燃气内燃发电机组，3 台烟气热水型吸收式机组，

8 台热源塔热泵机组及相应的循环水泵等设备组成。

4. 投资模式及收益预测

该项目采用 BOO(Building-Owning-Operation，建设—拥有—经营)模式，以"使用者付费"的方式回收投资成本。该项目总投资为 49 100.00 万元。其中，工程费用为 40 856.85 万元(含末端系统)，工程建设其他费用为 3673.76 万元，预备费为 2515.82 万元，建设期利息为 1917.5 万元，流动资金为 136.07 万元。

预计年销售收入为 7146.29 万元(年均)，总成本为 4642.98 万元(年均)，净利润额为 1735.65 万元(年均)，碳排放权交易年收入为 64.79 万元，项目投资回收期为 9.28 年。项目内部收益率为 9.43%。

5. 社会效益

相较于常规水冷机组+燃气锅炉空调系统，职教城多能互补智慧能源系统每年可节省标煤 4221 吨，节省一次能 1.24×10^8 MJ，节能率达 31.6%；减少 SO_2 排放 26.23 吨/年，减少 NO_2 排放 22.8 吨/年，减少 TSP 排放 5.02 吨/年，减少 CO_2 排放 8099.17 吨/年。这些实际应用数据表明此多能互补智慧能源系统具有较好的经济效益、社会效益和推广价值。

某大型工业园区智慧能源系统

1. 项目概况

某新区智慧能源中心位于龙山物流园及工业园区内，园区建筑总面积约为 91.84 万 m^2。其中，能源站总用地面积为 2471.72 m^2，包括能源站厂房，能源站配套控制室、值班室等，总建筑面积为 4416.99 m^2，使用面积为 2993.93 m^2。该智慧能源中心总貌及效果图如图 2-4-1、图 2-4-2 所示。

图 2-4-1 能源中心区位鸟瞰图

图 2-4-2 能源中心建筑效果图

2. 自然资源状况

智慧能源中心紧邻滨河，河道集水面积为 97 894 m², 河道库容量为 1 462 105.06 m³。夏季平均水温为 17～26℃，冬季平均水温为 9～12℃。该河流水质良好、水量充沛、水温适宜，具有河水源热泵可直接取水、换热、供能的条件。

该能源中心临近园区污水提升泵房，园区内污水均通过污水泵房排放到市政管网，其设计污水量为 1.5×10⁴ 立方米/天，具有利用原生污水作为能源站的冷热源条件。污水泵站平面图如图 2-4-3 所示。

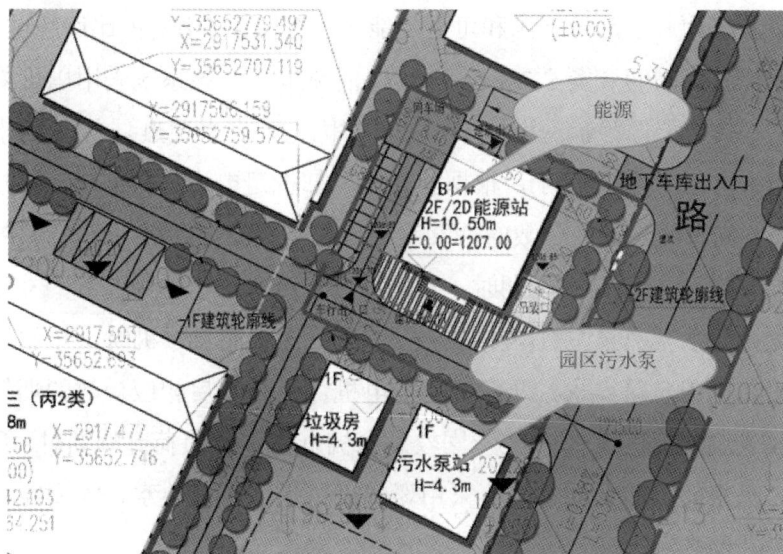

图 2-4-3　污水泵站平面图

3. 技术路径

经对项目所在地自然资源及可再生能源进行详细的论证和分析，最终决定该项目采用冷、热、电三联供+水源热泵系统+冷水机组+燃气锅炉+太阳能光热+智慧管控系统构建成多能互补智慧能源系统，遵循"以热定电""并网不上网"的运行原则，为园区建筑提供区域集中供冷、供热、生活热水及能源站内部电力等综合能源服务。

4. 系统配置

能源中心设计装机冷负荷为 21 383 kW，装机热负荷为 16 903 kW，生活热水负荷为 3500 kW，燃气内燃发电机组总装机容量为 1670 kW。配置 2 台燃气内燃发电机组、2 台烟气热水型吸收式机组、2 台污水源热泵机组、1 台河水源热泵机组、3 台离心式冷水机组和 4 台燃气锅炉共同为建筑提供制冷、制热、生活热水、部分电力等综合能源服务。

5. 系统运行策略

能源中心应用的燃气冷热电三联供、污水源热泵、河水源热泵、太阳能光热系统均属于清洁能源和可再生能源，在本项目中所占比例超过 50%，主要承担冬季采暖和夏季制冷、全年生活热水等。该系统采用以可再生能源为主、传统能源为辅的设计原则，夏季优先开启水源热泵主机(河水源热泵机组、污水源热泵机组)，根据能源站内部机组电力负荷需求，匹配开启发电机，同时开启相应台数的烟气热水型吸收式溴化锂机组进行制冷(回收发电机余热)，在负荷高峰期时，开启离心式冷水机组作为制冷的补充。冬季优先开启水源热泵主机(河水源热泵机组、污水源热泵机组)，根据能源站内部机组电力负荷需求，匹配开启发电机，同时开启相应台数的烟气热水型吸收式溴化锂机组进行制热(回收发电机余热)，在负荷高峰期时，开启燃气锅炉机组作为制热的补充。采用燃气锅炉提供生活热水，太阳能光热系统作为辅助热源。

6. 投资模式及经济分析

能源中心采用 BOO(Building-Owning-Operation，建设—拥有—经营)模式投资建设，总投资为 15 693.07 万元。其中，工程费用为 14 113.35 万元，工程建设其他费用为 1104.34 万元，预备费为 304.35 万元，流动资金为 171.02 万元。

依据某新区综保区管理委员会关于《某新区电子信息产业投资有限公司关于某新区云谷综合体区域能源集中供冷、供热能源价格核定请示》的批复，接入费：住宅 70 元/m²，非住宅类 115 元/m²；使用费：住宅 40 元/m²，非住宅类 0.68 元/(kW·h)；热水供应 30 元/吨。按照该收费标准收取接入费和能源使用费，年均总销售收入为 4963.95 万元，年均总成本为 3186.88 万元，年均利润总额为 1777.07 万元，投资回收期为 7.18 年(税后)，财务内部收益率为 14.35%(税后)，年均总投资收益率为 9.95%。

7. 社会效益

智慧能源系统与传统空调系统相比,每年可节省天然气 174 308.47 Nm³/h。折合计算年节约标煤 1626.74 吨，减少 CO_2 排放量 4018.05 吨/年，减少粉尘排放量 16.27 吨/年，减少 SO_2 排放量 32.53 吨/年，节能减排效益显著。

某大学校区智慧能源系统

1. 项目概况

某市境内水资源总量为 119 亿 m^3，主要分布在岷江、大渡河、青衣江，冬季平均水温为 9~12℃，夏季平均水温为 24~29℃，适合地表水水源热泵系统的应用。

该市职业技术学院利用水资源优势，改善全校师生的学习和生活环境，提高教学质量，在筹建新校区之初即将清洁能源技术作为能源供应的首要选择。该校区采用水源热泵空调系统为学生宿舍、教学楼、办公楼、体育馆、食堂等 30 万 m^2 的建筑提供夏季制冷、冬季采暖、全年生活热水等高品质能源服务。某市职业技术学院鸟瞰图如图 2-5-1 所示。

图 2-5-1 某市职业技术学院鸟瞰图

2. 投资规模及社会效益

该智慧能源系统总投资 8700 万元，于 2016 年开工建设，2017 年正式投入使用，机房实景如图 2-5-2、图 2-5-3 所示。该系统利用"互联网 + 智慧能源"技术，实现能源自动决策、自动控制、自动交互、自适应等能源智慧化功能，提高了该系统的节能性，减少了建筑能耗，提高了一次能源的利用效率。该系统与常规空调系统相比，节省标煤 666.2 吨/年，减少 CO_2 排放 3019 吨/年，减少 SO_2 排放 17.4 吨/年，减少 NO_2 排放 6.32 吨/年。

图 2-5-2 智慧能源机房实景图一

图 2-5-3 智慧能源机房实景图二

　　该学院新校区在本地区率先使用水源热泵清洁能源技术，直接影响并大大提高了公众的建筑节能意识和对水源热泵技术的认知程度，有效推进了本市其他地区清洁能源技术的广泛应用，对改善该市能源供给结构、促进城市可持续发展起到了重要的引领作用。同时，在校区广泛使用绿色、智慧化技术，有利于深化科学发展观和普及可持续发展的理念，强化广大师生在日常生活中的节能意识和环保意识，具有良好的社会效益。

某国家级新区智慧能源规划

1. 项目概况及规划范围

某新区科技新城总面积为 43 km², 多能互补智慧能源中心北至磊马路, 南至横五路, 西至西纵线, 东至东纵线, 规划覆盖范围如图 2-6-1 所示。根据科技新城业态分布及供能需求, 总体规划 10 座多能互补智慧能源中心如图 2-6-2 所示, 其包含已建成的云谷能源中心和在建的龙山能源中心, 一次能源以可再生能源为主、天然气为辅, 系统遵循 "以热定电、并网不上网" 的运行原则, 实现能源梯级利用, 为科技新城城市综合体、住宅、工厂、数据中心、学校、医院等建筑提供制冷、供热、热水、蒸汽、部分电力等综合能源服务。项目规划总发电装机容量为 60.48 MW, 总制冷装机容量为 353 MW, 总制热装机容量为 352.5 MW, 总生活热水装机容量为 52.7 MW, 估算总投资约为 30 亿元, 覆盖面积约为 1475 万 m²。

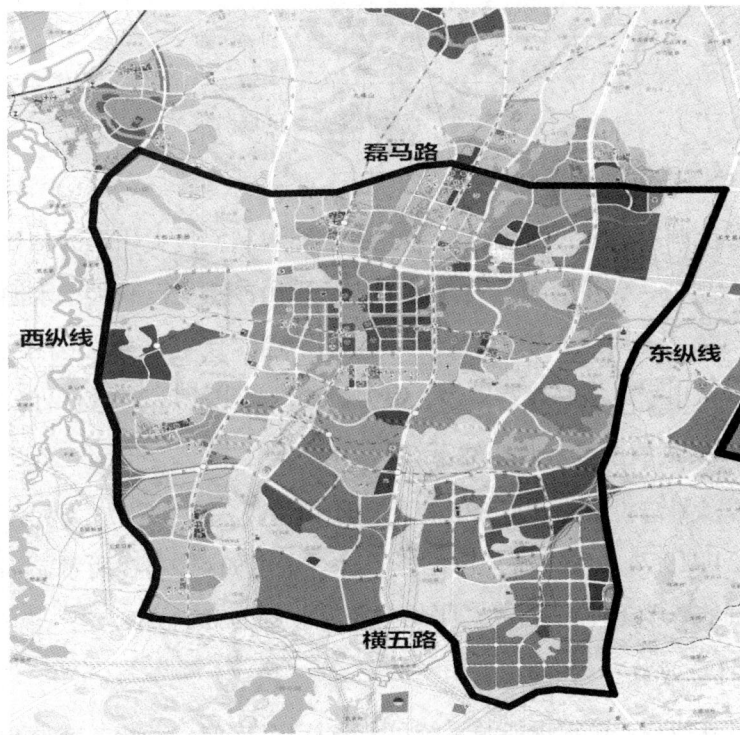

图 2-6-1　能源中心规划覆盖范围

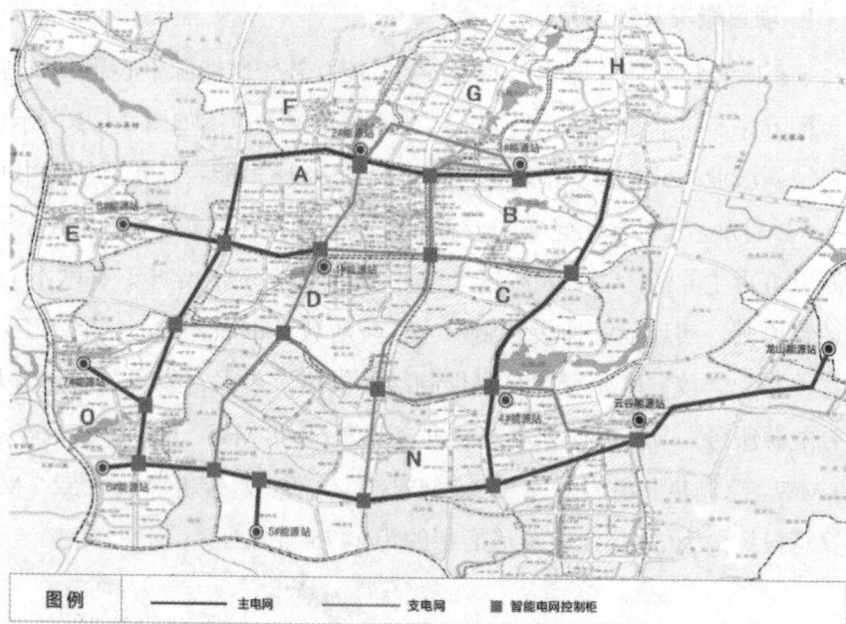

图 2-6-2　智慧能源规划区域图

2. 智慧能源规划原则

智慧能源规划遵循"因地制宜，清洁能源利用最大化"的总体思路，以"统一规划、分步实施"为建设原则，采用冷热电三联供、水源热泵、污水源热泵、太阳能光热、空气储能等清洁能源技术，实现多能互补、协同供应，为用户提供制冷、供热、电力、蒸汽、生活热水等综合能源服务。

3. 投资规模及经济收益估算

估算项目总投资为 296 336 万元，年销售收入为 57 773 万元，年运行费用为 24 419.74 万元。各能源站投资运行费用如图 2-6-3 所示，年均碳排放权交易收入为 551.42 万元，平均投资回收期为 8.74 年。

4. 社会效益

项目建成后，较常规能源系统可节省标煤 27 856 吨/年，减少 SO_2 排放580.74 吨/年，减少 CO_2 排放 71 721 吨/年，减少粉尘排放 271 吨/年。各能源站减排量如图 2-6-4 所示。

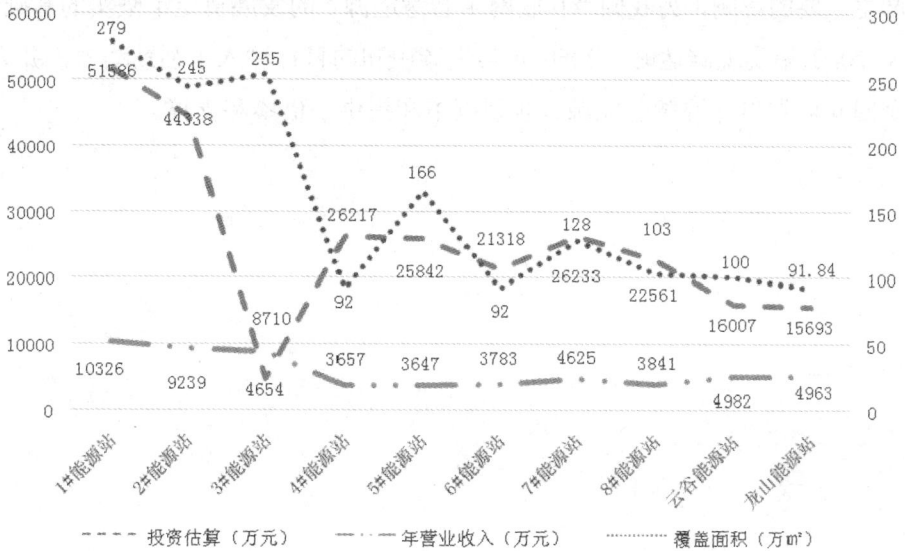

图 2-6-3　各能源站投资运行费用

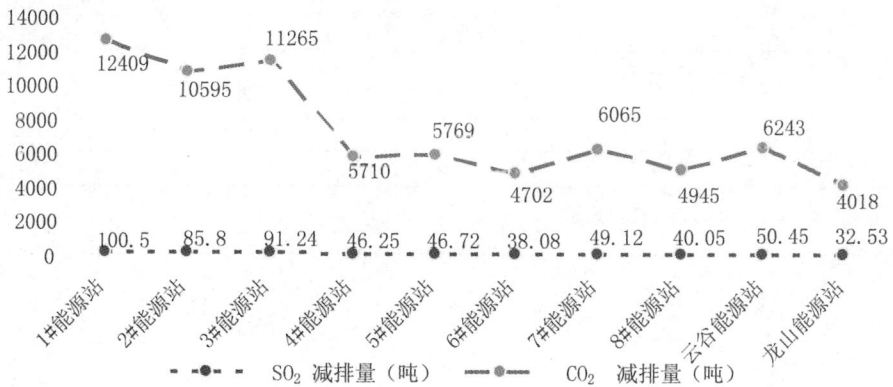

图 2-6-4　各能源站减排量

　　科技新城智慧能源中心的规划建设将对我国国家能源战略及能源安全产生重要的影响,为我国"互联网 + 智慧能源"的发展奠定了坚实的基础,为 2030 年实现碳达峰、2060 年实现碳中和的目标注入了强劲动力,并为全国其他省市开展智慧能源、实现碳中和提供了借鉴和支撑。

某工业园智慧能源规划

1. 项目概况及规划范围

港城工业园区位于某市江北区，园区总占地面积为 14.35 km²，为贯彻国家能源发展"十三五"规划精神，构建绿色、低碳、节能、安全、高效的现代能源体系，积极开展智慧能源技术应用，将港城工业园区打造成智慧能源集中连片示范区。园区智慧能源按照"统一规划、分步实施"的原则，涵盖包括园区内 A、B、C、D 等 4 个区共 9 座能源站，服务面积为 331.2 万 m²。

2. 技术形式及投资规模

采用水源热泵、污水源热泵、天然气冷热电三联供、储能、智能微电网、智慧能源管控平台等技术形成多能互补分布式智慧能源系统，为园区企业提供冷、热、电、蒸汽、热水等高品质能源综合服务。规划总发电装机容量为 51.12 MW，总制冷装机容量为 178.75 MW，总制热装机 137.25 MW，估算总投资约为 15.1 亿元。

3. 社会效益

项目建成后与常规能源系统相比，可节省标煤 11 973.6 吨/年，减少 SO_2 排放 315.2 吨/年，减少 NO_2 排放 273.88 吨/年，减少 TSP 排放 60.28 吨/年，减少 CO_2 排放 97 286.03 吨/年。

港城工业园区智慧能源的建设，可助力园区朝着绿色化、低碳化、智慧化、环境可持续性的目标发展，为园区建设智慧产业体系提供支撑，也为工业园区实施智慧能源建设探索出一套全新的建设机制和应用策略，在全市乃至全国起到示范引领的作用。

"十四五"绿色能源发展规划(摘录)

"十四五"时期，将是我国经济由高速增长向高质量发展转型的攻坚期，全国能源行业也将进入全面深化改革的关键期，在全面分析总结"十三五"我国能源行业发展经验、问题及国际经济与能源形势最新状况的基础上，重点对新能源、可再生能源的发展及能源装备做了重要规划。

《中共中央关于制定国民经济和社会发展第十四个五年规划和二〇三五年远景目标的建议》将新能源规划作为未来五年发展的重点：

一是发展战略性新兴产业。加快壮大新一代信息技术、生物技术、新能源、新材料、高端装备、新能源汽车、绿色环保以及航空航天、海洋装备等产业。推动互联网、大数据、人工智能等同各产业深度融合，推动先进制造业集群发展，构建一批各具特色、优势互补、结构合理的战略性新兴产业增长引擎，培育新技术、新产品、新业态、新模式。促进平台经济、共享经济健康发展。鼓励企业兼并重组，防止低水平重复建设。

二是统筹推进基础设施建设。构建系统完备、高效实用、智能绿色、安全可靠的现代化基础设施体系。系统布局新型基础设施，加快第五代移动通信、工业互联网、大数据中心等建设。加快建设交通强国，完善综合运输大通道、综合交通枢纽和物流网络，加快城市群和都市圈轨道交通网络化，提高农村和边境地区交通通达深度。推进能源革命，完善能源产供储销体系，加强国内油气勘探开发，加快油气储备设施建设，加快全国干线油气管道建设，建设智慧能源系统，优化电力生产和输送通道布局，提升新能源消纳和存储能力，提升向边远地区输配电能力。加强水利基础设施建设，提升水资源优化配置和水旱灾害防御能力。

三是加快推动绿色低碳发展。强化国土空间规划和用途管控，落实生态保护、基本农田、城镇开发等空间管控边界，减少人类活动对自然空间的占用。强化绿色发展的法律和政策保障，发展绿色金融，支持绿色技术创新，推进清洁生产，发展环保产业，推进重点行业和重要领域绿色化改造。推动能源清洁低碳安全高效利用，发展绿色建筑。开展绿色生活创建活动，降低碳排放强度，支持有条件的地方率先达到碳排放峰值，制定2030

年前碳排放达峰行动方案。

面对"2030年碳达峰"和"2060年碳中和"的能源发展压力，全国各省、区、市在《中共中央关于制定国民经济和社会发展第十四个五年规划和二〇三五年远景目标的建议》基础上，开展"十四五"能源规划研究编制工作和制定2035年远景目标的相关政策。各省、市在绿色低碳发展、清洁能源转型方面进行了着重强调。其中，广西、云南、黑龙江、重庆等部分省、市出台的文件中已经对"十四五"期间的新能源发展做出了具体的规划，制定的目标水平整体较高。

(1) **云南**。加快能源基础设施建设。加快布局绿色智能电网、能源互联网等能源基础设施建设，实施"源网荷"一体化建设，促进能源就地消纳，完善能源产供销储体系。优先布局绿色能源开发，加快建设金沙江、澜沧江等国家水电基地，加强"水风光储"一体化多能互补基地建设，推进煤电一体化基地建设，化解电力结构性矛盾。

优化电力输送通道布局，加快骨干输电网架和配网建设，强化区域中心城市和先进制造业的电网基础设施建设，深入推进农网改造升级，提升向边远地区输配电能力，优化提升西电东送能力。完善油气管网规划布局，推进全省油气管道"一张网"建设，大力提高全省工业用气占比，推广天然气的利用。

(2) **广西**。构建多元能源保障体系。大力发展风电、太阳能、氢能等清洁能源，深度开发水电，积极稳步发展核电，适度发展清洁煤电。推进全区城乡用电"一张网"，加快绿色智能电网建设，增强农村、边远地区供电能力和供电质量。

理顺油气管网体制，健全油气管网体系，实现天然气"县县通"。建设智慧能源系统，加快综合供能服务站建设，提升新能源消纳和存储能力。推动北部湾沿海能源综合储备基地建设，提升油、煤、气等应急储备能力。强化能源监测预警，保障能源运行安全。

(3) **黑龙江**。提升能源基础设施现代化水平。加快实施"气化龙江"，推动中俄远东天然气管道建设，统筹推进省内天然气干支线管网建设，加快储油、储气重点项目建设，建立多层次天然气储备体系。优化电力生产和输送通道布局，提高新能源消纳和存储能力，争取建设以我省为起点的特高压电力外送通道，实现 500 kV 电网市(地)全覆盖、220 kV 电网县(市)全覆盖，完善电网网架结构。加快配电网智能化升级改造，补齐农网短板，构建坚强智能电网。

(4) **江西**。聚焦光伏、锂电等领域，培育若干国际一流企业，打造世界级新能源产业集聚区。强化关键核心技术攻坚，力争在高性能储能材料等领域取得突破。此外，还要着力完善能源基础设施，坚持"适度超前、以电为主、多能互补"，推进一批支撑性电源点项目建设，争取国家支持建设第二回特高压入赣工程，构建"一个核心双环网+三个区域电网"的供电主网架，统筹推进油气管网、新能源等项目建设。积极推行清洁能源，发展绿色建筑。大力发展节能和环境服务业，构建绿色金融服务体系。推进排污权、用能权、用水权、碳排放权的市场化交易。

(5) **陕西**。推动能源化工产业清洁化、高端化发展。实施煤化工行动，拓展煤、油、气、盐多元综合循环利用途径，加快发展精细化工材料和终端应用产品，延伸产业链、提高附加值。推进大型煤矿智能化建设，加大煤炭优质产能释放，狠抓油气产能建设，提高煤炭回采率和石油采收率。

调整优化煤电布局，积极发展风电、光电、生物质发电，加快陕北风光储氢多能融合示范基地建设。加强输气管网、储气库和电力基础设施建设，扩大电力外送规模。高水平建设榆林国家级能源革命创新示范区和延安综合能源基地，推进能源技术融合创新和产业化示范，着力构建万亿级能源化工产业集群，打造世界一流的高端能源化工基地。

(6) **重庆**。加快推动绿色低碳发展。推进清洁生产，发展环保产业，推进重点行业和重要领域绿色化改造。支持万州及渝东北地区探索三峡绿色发展新模式，走出整体保护与局部开发平衡互促新路径。推进广阳岛片区长江经济带绿色发展示范建设，建设长江生态文明干部学院和长江生态环境学院，打造"长江风景眼、重庆生态岛"。

完善能源保障体系，建设智慧能源系统。建设适应经济社会发展的信息网络基础设施，系统布局建设新型基础设施，大力发展 5G、工业互联网、物联网、大数据中心等，有序推进数字设施化、设施数字化。

(7) **贵州**。加快推进现代化能源基础设施建设。深入实施国家"西电东送"战略，建成"三横一中心"的 500 kV 骨干电网网架。加快城市配电网改造，实现城乡用电服务均等化。推动燃煤发电机组改造升级，淘汰能耗和排放不达标机组。优化调整水电布局。全面实现"县县通"天然气，建成完善国家级干线、省级支线和县级联络线三级输配体系。健全政府储备与企业储备相结合的石油战略储备体系，建设西南地区成品油战略基地。

加快电动汽车充电基础设施建设及配套电网改造，推动城区、高速公路服务区和具备建设条件的加油站充换电设施全覆盖。构建"贵州能源云"智慧管理系统，申建国家新型综合能源战略基地和国家数字能源基地。

大力发展基础能源和清洁高效电力，做优煤炭产业，扎实推进能源工业运行新机制，推进煤层气、页岩气、氢能、地热能等加快发展，着力构建清洁低碳、安全高效的能源体系。

(8) **天津**。推动绿色低碳循环发展。坚持用"绿色系数"评价发展成果，建设绿色低碳循环的工业体系、建筑体系和交通网络，建立、健全生态型经济体系。大力培育节能环保、清洁能源等绿色产业，加快推动市场导向的绿色技术创新，积极发展绿色金融。强化清洁生产，推进重点行业和重要领域绿色化改造，发展绿色制造。

制定实施力争碳排放提前达峰行动方案，推动重点领域、重点行业率先达峰。全面提高资源利用效率，深入推进工业资源综合利用，推动园区实施循环化改造，开展节水行动。持续减少煤炭消费总量，大力优化能源结构，打造能源创新示范高地。

(9) **河北**。建设张家口国家可再生能源示范区、国家级氢能产业示范城市，构建综合能源体系，加快清洁能源设施建设，推进坚强智能安全电网建设，完善油气管网，强化能源安全保障能力；推动绿色低碳发展，推进排污权、用能权、用水权、碳排放权的市场化交易。实施清洁能源替代工程，大力发展光伏、风电、氢能等新能源产业，不断提高非化石能源在能源消费结构中的比重。降低能源消耗和碳排放强度。

(10) 山东。要在新能源、新材料强省建设中实现重大突破，以核电、氢能、智能电网及储能等为支撑的新能源产业成为重要支柱产业，前沿新材料、关键战略材料、先进基础材料等产业竞争力显著增强，成为全国重要的新能源新材料基地。优化煤炭开发布局和煤电结构，大力发展新能源和可再生能源、氢能，拓展外电入鲁通道，稳步推动核电、海上风电项目建设，完善油气储输网络；重点培育新一代信息技术、高端装备、新能源、新材料、新能源汽车、节能环保、生物医药等产业。

(11) 海南。建设清洁能源岛。全面提高能源资源利用效率，推动形成绿色生产、生活方式。实施能源消费总量和碳排放总量及强度双控行动。大力推进产业、能源和交通运输结构绿色低碳转型。大幅提高可再生能源的比重。大力推广循环经济，发展全生物降解、清洁能源装备等生态环保产业，推动昌江清洁能源产业园建设。加快推广新能源汽车，规划建设全省充电桩设施。

(12) 辽宁。培育壮大氢能、风电、光伏等新能源产业，推动能源清洁、低碳、安全高效利用，推动能源消费结构调整。超前布局未来产业，面向增材制造、柔性电子、第三代半导体、量子科技、储能材料等领域加快布局，打造一批领军企业和标志产品，形成新的产业梯队。加强辽河储气库群等能源储备基地和通道建设。

(13) 湖北。提高能源安全保障能力。落实能源安全新战略，努力打造全国电网联网枢纽、全国天然气管网枢纽、"两湖一江"煤炭物流枢纽。建设一批大型支撑电源，有序发展新能源和可再生能源。建设坚强智能电网，优化输送通道布局，争取提高三峡电能湖北消纳比例，提升城市供电能力。加快油气产供储销体系和煤炭输送储配体系建设。构建能源生产、输送、使用和储能协调互补的智慧能源系统。

(14) **吉林**。培育壮大战略性新兴产业。把握技术革命发展趋势，超前谋划由前沿技术带动的新兴产业，突破移动信息网络、云计算和大数据、人工智能、生物工程、新能源、新材料等领域的关键技术，培育壮大一批有核心竞争力的品牌产品和企业。

创新发展氢能、风能、太阳能、生物质能等新能源，整合东部抽水蓄能和西部新能源资源，建设吉林"陆上三峡"工程，扩大"吉电南送"，撬动新能源装备制造业发展。大力发展产业融合衍生的新技术、新产品、新业态、新模式，重点加快新能源与智能网联汽车的研发及产业化，实现卫星装备及应用技术设备制造批量化生产，推动机器人及智能装备、人工智能系统、精密机械、先进传感器等加快发展，打造具有国际竞争力的精密仪器与高端装备产业基地。

(15) **湖南**。构建布局合理、功能完善、高效便捷的现代化航空网，形成以长沙为中心的 4 小时国际航空经济圈。夯实能源保障网，积极争取"外电入湘"，纵深推进"气化湖南"，建设煤炭、油气等能源储备基地，优化管网布局和能源调度。完善储能设施、新能源汽车充电桩和换电站及车路协同基础设施。

(16) **北京**。完善能源基础设施和安全保障机制，优化能源结构。高效利用地下空间资源，科学构建综合管廊体系，引导市政设施隐形化、地下化、一体化建设。增强能源、水资源战略储备，加快天津南港和唐山 LNG 储备设施建设，推动南水北调中线扩能、东线进京工程市内配套项目，建设西郊、密怀顺等地下蓄水区，完善城市供水管网系统。大幅增强城市防洪排涝能力，主城区积水点动态清零，建设海绵城市。

(17) **上海**。优先将节能环保产业做大做强，持续推进能源结构优化，推动重点行业和重点领域绿色化改造，加快培育符合绿色发展要求的新增长点，延展绿色经济产业链。在公共领域全面推广新能源汽车，推进充电桩、换电站、加氢站的建设，倡导低碳绿色出行，加快构建与超大城市相适应的绿色交通体系。

(18) **安徽**。要协同推进长三角能源应急供应保障基地建设，统筹整合两淮煤电基地、长三角特高压枢纽和绿色储能基地，探索源网荷储一体化发展新模式。实施"新基建+"行动，加快 5G 移动通信、工业互联网、大数据中心、超算中心、城市大脑、充电桩等建设，加强骨干电网、城乡配电网和两淮电力输出通道建设，完善"三纵四横一环"省级主干天然气管网，建设智慧能源系统，构建清洁低碳、安全高效的现代能源体系。

(19) **浙江**。深化电力、天然气体制改革。构建绿色低碳的现代能源供应体系，构建电、油、气"三张网"，打造长三角清洁能源生产基地，完善油品储备体系，打造国家级油气储备基地。

(20) **内蒙古**。根据水资源和生态环境的承载力，有序、有效地开发能源资源，加快建设国家现代能源经济示范区，推动形成多种能源协同互补、综合利用、集约高效的供能方式，构建绿色、友好、智慧、创新现代能源生态圈。推动能源清洁、低碳、安全、高效利用，加强能源的资源一体化开发利用，提升能源全产业链水平。

严格控制煤炭开发强度，推动煤炭清洁生产与智能高效开采，推进煤炭分级、分质梯级利用，大幅提高煤炭的就地转化率和精深加工度，打造煤基全产业链。稳步推动煤层气、页岩气、地热能、生物质能等开发利用，推进碳捕集、封存与利用的联合示范应用。

大力发展新能源，推进风、光等可再生能源的高比例发展，壮大绿氢经济，推进大规模储能示范应用，打造风光氢储产业集群。

(21) **山西**。深化能源革命综合改革。推动煤炭清洁高效开发利用，加快煤矿绿色智能开采，推进煤炭分质、分级梯级利用，将碳基新材料作为煤炭产业可持续发展的根本出路，大幅提升煤炭作为原料和材料使用的比例。加快增储上产的步伐，推动非常规天然气高质量发展。巩固电力外送基地国家定位，加快外送通道建设，提升跨区域配置电力资源能力。

促进可再生能源增长、消纳和储能的协调有序发展，提升新能源消纳和存储能力。加快用能结构和方式的变革，建立完善有利于能源节约使用、绿色能源消费的制度体系，促进形成绿色生产生活方式。提升能源科技创新能力，加大能源技术研发和科研成果转化力度。全力打造世界一流现代化能源企业。

到"十四五"末，能源革命综合改革试点任务全面完成，"五大基地"(即"全国煤炭绿色开发利用基地、非常规天然气生产基地、电力外送基地、现代煤化工示范基地和煤基科技创新成果转化基地")建设初具规模，现代能源体系基本形成。

(22) 宁夏。构建能源支撑体系，加快建设能源产供储销网络，合理开发煤炭资源，稳定石油生产销售供应，推进青石峁、定北气田开发，实施天然气管网互联互通工程，实施宁夏至华中特高压直流输电及配套新能源项目，推进电网主网架升级加强，实施青铜峡抽水蓄能电站项目，建设宁夏能源(煤炭)物流交易中心。清洁能源重点发展配套装备制造、提高能源利用效率。

(23) 广东。推进能源革命，积极发展风电、核电、氢能等清洁能源，建设清洁低碳、安全高效、智能创新的现代化能源体系。倡导简约适度、绿色低碳的生活方式，开展绿色生活的创建活动。制定实施碳排放达峰行动方案，推动碳排放率先达峰。

(24) 四川。统筹能源水利基础设施建设。建设中国"气大庆"、特高压交流电网、水风光互补一体化清洁能源基地，完善能源产供储销体系，建设清洁能源示范省。实施"再造都江堰"水利大提升行动，推进引大济岷、长征渠等重大工程建设，完善"五横六纵"引水补水生态水网，提升水资源优化配置和水旱灾害防御能力。

(25) 河南。构建低碳高效的能源支撑体系，推进能源革命，谋划建设外电入豫新通道，加快国家主干油气管道建设，积极发展新能源和可再生能源，建设沿黄绿色能源廊道，完善能源产供储销体系。构建兴利除害的现代水网体系，统筹水资源、水生态、水环境、水灾害治理，全面建成十大水利工程，实施重大引调水和水系连通工程，规范实施引黄调蓄工程，完善旱引涝排、丰枯互补、内连外通、调洪防灾的水安全保障网。

(26) **甘肃**。要大力发展战略性新兴产业，巩固发展新能源、新能源装备、新材料等具有一定比较优势的新兴产业，打造全国重要的新能源及新能源装备制造基地和新材料基地，发展储能装置等具有较大潜力的新兴产业，加快氢能、动力电池等产业化步伐。推进能源基地建设，用好国家优化输电通道布局机遇，开拓省外电力消纳市场，建设以多回特高压直流输电线路为支撑的电力输送大通道，加大新能源基地式开发力度，持续提升电力外送能力，推动新能源老小场站提质增效，提升河西清洁能源基地供给能力和就地转化效率。全面推广新能源汽车，配套建设相关设施。

(27) **江苏**。优化能源结构，按照国家规划推进煤炭削减行动，推进气化工程和"外电入苏"，整合资源、有序发展海上风电。

(28) **青海**。创建能源革命综合试点省，建成国家重要的清洁能源基地。打造海南、海西清洁能源基地，推进黄河上游水能资源保护性开发，开展水、风、光、储等多能互补示范。实现"青电入豫"工程满功率运行，开工建设青海至中东部地区特高压外送通道。加快智能电网建设，发展能源互联网，完善全省主网架结构，提升汇集输送能力。推进大电网未覆盖地区延伸工程，实现全部乡村通网电。

加强油气勘探开发和储备能力建设，建设千万吨级油气当量生产基地和原油战略储备基地，健全高原油气供应网。加快天然气管网和储气调峰设施建设，扩大天然气管网覆盖面。推广城乡清洁取暖，推进三江源清洁供暖工程。建设黄河上游储能工厂，推进化学储能设施建设，创建国家储能发展先行示范区。

(29) **福建**。优化能源基础设施布局，完善能源产供储销体系，建设智慧能源系统，打造绿色、智慧、安全的现代化电网。推进"五江一溪"防洪工程、沿海防潮工程，加强大中型水库、引调水和堤防工程建设，提高水资源优化配置和水旱灾害防御能力。

　　推动闽台基础设施联通，构建立体式对台通道枢纽。建设两岸能源资源中转平台，推动两岸电力联网、天然气互联。

（资料来源：中国电力网）

参 考 文 献

[1]　曾鸣，张晓春. "新能源+储能"要抓住"碳中和"机遇. 中国能源报，
　　　2021-02-13.

[2]　齐琛冏. 提高热泵能效是城市热力碳减排关键路径. 中国城市能源周
　　　刊，2020-12-16.

[3]　马骏. 以碳中和为目标完善绿色金融体系. 金融时报，2021-01-18.

[4]　中国清洁供热平台. 从丹麦供热经验看我国热电厂配套储热的必要性.
　　　https://www.esplaza.com.cn/article-7288-1.html.